国家社科基金后期资助项目

荣格生态文艺思想研究

On Ecological Literary Thoughts of C. G. Jung

常如瑜　著

商务印书馆
创于1897 The Commercial Press

2016年·北京

图书在版编目(CIP)数据

荣格生态文艺思想研究/常如瑜著. —北京:商务印书馆,2016
ISBN 978-7-100-12680-9

Ⅰ.①荣… Ⅱ.①常… Ⅲ.①荣格(Jung,Carl Gustav 1875—1961)—文艺思想—思想评论 Ⅳ.①B84-065 ②I0-02

中国版本图书馆 CIP 数据核字(2016)第 258454 号

荣格生态文艺思想研究
常如瑜　著

商 务 印 书 馆 出 版
(北京王府井大街36号　邮政编码100710)
商 务 印 书 馆 发 行
北 京 冠 中 印 刷 厂 印 刷
ISBN 978-7-100-12680-9

2016 年 12 月第 1 版　　　　开本 787×1092 1/16
2016 年 12 月北京第 1 次印刷　　印张 12¼
定价:38.00 元

国家社科基金后期资助项目
出版说明

后期资助项目是国家社科基金设立的一类重要项目，旨在鼓励广大社科研究者潜心治学，支持基础研究多出优秀成果。它是经过严格评审，从接近完成的科研成果中遴选立项的。为扩大后期资助项目的影响，更好地推动学术发展，促进成果转化，全国哲学社会科学规划办公室按照“统一设计、统一标识、统一版式、形成系列”的总体要求，组织出版国家社科基金后期资助项目成果。

全国哲学社会科学规划办公室

目　　录

导　论

在本书开始之前，我希望借用父亲的亲身经历作为例证，以此引出之后的研究。这是他在2008年作为防疫人员赴四川抗震救灾过程中的一段见闻：

> 当时，我看到了这样的情景：到处是轰鸣，到处是火光，到处是废墟，到处是倒塌的建筑和无助呻吟的人群，大地在不停地颤抖，那里的人似乎觉得地球的末日来临了，从人们惊慌失措的眼神中可以看到他们内心深处巨大的恐惧。

即使没有亲身经历那恐怖的场景，听者依然能够想象当时的气氛，它似能激起潜藏于内心深处的某种记忆：仿佛回到了遥远的古代，亲眼目睹祖先在严酷的自然中艰辛生活的景象。这便是如荣格所说的祖先记忆在后代灵魂中的复现。① 无论亲历者还是听众都能够体验到从未有过的恐惧，它来自潜意识的神秘领域，它穿越时空、从人类诞生之初一直传递到现代世界。灾难爆发的时候，人们只能眼睁睁看着同类逝去却无能为力，征服自然的豪情即在瞬间化为乌有。

集体无意识精神中的自然

卡尔·古斯塔夫·荣格(Carl Gustav Jung)不止一次地提到遗传对人类心灵的影响，他尤其强调现代人集体无意识中保留的祖先记忆，其中包括：原始人对自然的最初认识、对待自然和宇宙万物的基本态度以及对人类自身的定位等。

---

① 〔瑞士〕荣格：《现代灵魂的自我拯救》，黄奇铭译，北京，工人出版社，1987年，第1版，第193页。此种情感可以被视作荣格所说的“现代心灵中的古代特征”。

对人类原始经验研究的目的在于解释集体无意识的成因以及它对人类精神的影响，并治疗现代人的无意识心理——集体的精神病症。集体无意识理论在医学上的应用同样适合于文本批评和文学研究。例如，对作家的心理分析可以追溯到神话传说的创作心理，研究者能够借此看到文学艺术创作心理的早期形态（或曰自然形态）。在精神分析心理学看来，文学艺术家眼中的世界是一个充满了幻觉[①]的世界，同原始人眼中的自然十分相似。原始时期人们一般认为宇宙是神秘的，自然界的种种现象及其变化都是人类难以预知的。就像大地震所产生的恐惧，亲历者（无论是现代人还是原始人）的心灵在很长一段时间内是很难维持平衡的。人类进而意识到自我能力的有限及自然力的无限，便求助于“神明”或某个非理性的想象中的力量，这正是原始人集体心理自我调节的方式。原始人类的世界观正是原始时期神话传说产生的心理基础，随后又成为人类文学和艺术作品的来源。对于原始人类而言，此种世界观即他们眼中的“科学”和“理性”。

但是，现代文明却将其视作迷信并加以排斥。在现代人看来，原始人的世界观几近于幻想和迷信，他们对自然现象及其成因的认识是非科学的、非理性的。荣格认为，造成这一结果的原因在于现代人“有意识”地遗忘了祖先的经验，祖先记忆被保留并压抑在集体无意识之内，他在《现代灵魂的自我拯救》中选用了许多现代人生活中司空见惯的事例来证明祖先记忆在人类潜意识中的深刻影响。现代理性和科学对自然的观念完全不同于文学和艺术家对自然的态度，它们之间的差别就像现代人的“理性”同古代人的“幻想”之间的差别一样大。表面看来，前者似乎更理性，而后者则趋于浪漫和感性。但是，荣格却认为，在集体潜意识当中，无论是古代人还是现代人，他们对世界的意识都受到同一个东西的作用——即原型，它的最初形态来源于自然，它通过记忆、梦、幻觉以及文学艺术作品中的意象等多种形式来表现自身，并且作用于意识。当人的精神在宇宙和自然中迷失的时候，必须通过原型来找回自我。这个过程，就像是通过文学和艺术作品所塑造的原型意象来唤醒内心深处潜意识记忆的过程——作品表达的激情以及作家在创作活动中表现出的迷狂状态，都是人类灵魂寻找自我的过程。

以荣格为代表的精神分析心理学家更愿意把自然界所发生的事件同梦所做的预言结合起来，他们对人类心理所做的科学分析，反倒更接近原始人的“迷信”。正如荣格依据他在“爱尔根山区南部的基多西地方的卡不拉斯

---

① 这里所谓的“幻觉”并非指对现实的歪曲，相反，它是另一种对世界的更贴近自然的理解和认识。

森林"[1]的旅行见闻进行的心理学分析那样，他相信潜意识在他出发之前就给予了预兆，假如他是一名当地人的话，一定会听从这些劝告，但是作为一个有"理性"的现代人他并不相信这些，直到最终遭到"报应"[2]。荣格的经历象征了现代人在自然中所面临的尴尬，在科学和理性所能解释的现实的自然世界之外，还存在着一个更为广阔的世界——精神的世界。在心理学中，这个精神世界就是潜意识的世界。在荣格看来，原始人对自然的理解促使人类与自然物之间形成了一种"不可思议"[3]的关系，这看似荒诞，却能够让人们的精神在自然中获得平衡。因此，荣格希望从原始人的世界观中抽取出疗救现代人精神危机的良方。荣格对原始人思维方式的肯定并不在于要现代人的心灵回到原始状态，而是为了证明现代文明对世界的理解并非如现代科学和理性所自诩的那样——是合情合理、合乎自然规律的，自然界里不可预测的"意外事件"[4]是超越理性范围之外对人类心灵产生巨大影响的力量。正如荣格所说，意外事件最恼人不过了，即使是一位道地的理性主义者亦要诅咒它。[5] 原始人对世界的看法并非一无是处，他们对自然的理解有助于平衡人类的心灵，还可以用于疗救现代人的精神病症。

许多现代生态主义者相信，原始人对自然的感情是建立在敬畏的基础上的。在他们眼中，万物之中皆有神灵，自然的一切造物中都存在着精神。人类的精神同万物的精神一样，都是从自然和宇宙中诞生的。人类的精神亦是自然精神的一部分。这一思想在荣格的理论体系中被视作"身份认同"(identification)——人们并非是世界的主宰，而是世界的一部分[6]。一些更为激进的生态理论家甚至认为，自然精神存在于人类的心灵当中，人类精神就是由自然精神以及人类与万物精神之间的关系构成的，如建设性后现代主义学者所宣扬的那样，包括人类在内世界万物都是自然"关系和过程"的综合体，任何一种生物都具有与人类相类似的内在精神。

承认意识的有限性和科学、理性的片面性有利于解救人类目前所遭受的现代精神病症，也有利于改善人类同自然的紧张关系。对于走向偏执和焦虑的现代精神来说，文学艺术无疑是一例最好的药剂，尤其是那些能够为人类精神指引正确之路的作品，如《瓦尔登湖》等。这些作品能够平复人们

---

① 〔瑞士〕荣格：《现代灵魂的自我拯救》，黄奇铭译，第 211 页。
② 同上。
③ 同上书，第 216 页。
④ 同上书，第 201 页。
⑤ 同上。
⑥ 同上书，第 219 页。

躁动的灵魂，消除人类在精神上对自然的恐惧以及由此所带来的人与自然之间对立、紧张的状况。当读者跟随梭罗（Henry David Thoreau）的脚步迈向杳无人迹的荒野之中的时候，可以感受到从未有过的舒心和惬意，全然忘记祖先的恐惧——在黑夜里阴森的山洞中，人类先民必须时刻提防野兽的袭击，诗人眼中富有诗意的黄昏预示着暗夜和死亡——这记忆总是搅扰人类的灵魂和梦境，但是诗人巧妙地化解了这种恐惧，他们在作品中创造的原型意象能够投射在人类的灵魂之上，激发隐匿于潜意识中的自然精神和情感。

因而，从荣格对现代心灵中古代特征的理解上，研究者亦可以初窥其思想中的生态精神，借助荣格的理论来理解文艺作品，等同于从潜意识的层面来诠释文艺作品的生态精神。文学艺术作品中塑造的原型意象保留了丰富的古代特征。它们披上神秘的外衣，虽然令人恐惧，但是却能够为意识所辨别，不再像梦境那样难以琢磨。这些意象能够让人类心灵复归到一种较为纯朴的状态，既摆脱现代文明下的焦虑和欲望，同时又恰当地显现了原始记忆中人类对自然的复杂心理。荣格对人类集体无意识精神的理解符合生态主义者对人类现代文明的质疑——现代人有意遗忘祖先记忆是出于自我中心主义的心理动机。在他看来，人类的精神疾病多半来源于此种心理，尤其是对于文学和艺术家而言，精神分裂症体现了精神焦虑和回归自然的内在需求之间的矛盾。如创作《浮士德》的歌德（Johann Wolfgang von Goethe）、创作《尤利西斯》的乔伊斯（James Joyce）以及《乌拉尼亚》的作者勒克莱齐奥（Jean Marie Gustave Le Clézio）等。荣格认为此类作品不仅反映作家的个体潜意识，还是一个民族集体无意识精神的体现。作品塑造的人物是整个时代、整个民族精神的象征，他们身上集中了这个民族的品格，他们对自然和世界的认识正是这个民族对待宇宙的态度。他们往往承载了民族历史和社会文化传统，他们身后是矗立着民族的祖先。

文学原型意象与人类心灵

文学作品中的意象及其象征性能够体现集体无意识理论的内涵，并反映原型同生态思想之间的内在联系：一方面，这些意象可以追溯到它的自然原型；另一方面，它们还包含了自然精神对作家心灵的影响。相应地，荣格心理学对文学的影响可以从两个方面来考察，一是文学艺术作品中塑造的原型意象，另一个则是作家心灵所反映的集体无意识精神。如荣格所说："就艺术作品而言，我们必须考察的是一种复杂的心理活动的产物——这种产物带有明显的意图和自觉的形式；而就艺术家来说，我们要研究的则是心理结构本身。”①

人类对自然和宇宙的敬畏原本是作为集体无意识的一部分、埋藏在人类心灵深处的，它可以通过文学艺术来表现自身，但是，就像梦境对潜意识的描绘那样，文学艺术创造的原型意象也具有高度的象征性，意识很难把握它的确切形象，阅读者也只能够凭借经验和感悟力来理解这些意象。原型意象也具有此类的神秘特征，但是，优秀的作品依旧能够引起读者的共鸣，原因就在于它符合人类集体无意识精神，这些意象映照出心灵深处灵魂的形象。文学作品对自然的关注是人类内心深处生态无意识精神的体现，祖先对宇宙的理解和认识构筑了民族集体精神的内核。就荣格的观点来看，人类始终希望在自然中实现自我精神的平衡，此种心理连同人类被压抑的欲望一起成为集体无意识的两个重要组成部分。它们往往披上意象的外衣，出现在文学作品当中，每当诗人在其创作过程中触及到心灵中的这片神秘领域的时候，他就会经历惊心动魄的迷狂状态，他所创造的文学作品也因此引起阅读者的激情。

文学作品中的原型意象可能是某个民族集体心理的表征，抑或是某个时代精神的象征。原型意象以人类与整个自然的关系为基础，文学作品对某种集体精神同自然关系的描绘也是通过塑造原型意象来完成的。例如，英国浪漫派诗人笔下的自然物，它们并非作家现实所见，而是经过一系列复杂的心理过程创造出来的。正如爱默生(Ralph Waldo Emerson)所说：“当人面对自然而全然敞开心扉时，所有的自然之物都给人以相似的印象。”②虽然浪漫主义诗人心中的自然并非人类灵魂中自然的全部形态，但是它却能够激起人类内心深处的原始记忆——祖先对自然的复杂情感。

从起源上看，文学艺术是对人类古代神话传说的继承，后者则来源于人类在自然中的早期经验。自然为文学艺术提供素材，并通过遗传作用将其保留在人类集体无意识深处。人类对于世界的理解都以意象化的方式被表现在文学艺术作品当中。文学作品不仅能够表现潜意识中人类对自然的原始恐惧，同时也能够表达人类对自然的依恋。人类对自然的情感如同孩子对父亲的感觉一样，是“恋父情结”与“弑父情结”的综合体。文学的精神意义在于调适人类心灵中的这一矛盾体，从而影响人类与自然之间的关系。荣格将个体潜意识推广到对人类集体心理的阐释，集体潜意识决定了个人

① 〔瑞士〕荣格著，冯川编：《荣格文集》，冯川、苏克译，北京，改革出版社，1997年，第1版，第229页。

② 〔美〕爱默生：《自然沉思录》，博凡译，天津，天津人民出版社，2009年，第1版，第8页。

的情结。文学艺术家的回归情结、逃避情结等，就是集体心理影响下个体情结的反映。当文学艺术家的精神在现实生活中遭受压抑、挫折或对文明状况产生怀疑的时候，他们会“不约而同”地选择走向荒野、远离尘世，最终在人迹罕至的地方体会到蓬勃的诗意和激情。原型意象又象征诗人这个特殊的人类群体对自然和宇宙精神的感应。诗人能够体验到自然在内心深处留下的烙印，他们的灵魂仿佛飞跃时空，回到远古的图腾柱前，感受与天地相互融通的状态。诗人在远古神秘仪式的感召下脱离理性的挟制，进入无意识的迷狂状态。在荣格眼里，诗人是被深层的、难以察觉的民族精神所控制，文学作品的真正创造者是这个民族以及民族的精神。

如果从精神生态的角度来考察荣格的文艺理论，那么作为人类精神活动的重要“产品”，文学艺术是受到自然精神影响的，文学艺术家在无意识中完成了对自然精神和生态精神的感应，他们对现实社会的思考，对人类、宇宙以及自然关系的精神探索，全都受到集体无意识的作用，准确地说，是生态无意识的作用。自然影响下的文学艺术家的集体无意识精神也可以被称为生态无意识心理。生态无意识概念建立的基础是荣格集体无意识思想和精神生态思想，它反映了艺术家在创作过程中的心理状态，以及艺术家所属民族同自然的联系。从内容上看，生态无意识包含人类对自然的原始敬畏、对灾难（包括自然灾害和人类活动引起的生态灾难）的恐惧、自我欲望及其压抑等。当代生态运动和生态意识的出现就同生态无意识密切相关，生态运动反映人类与自然关系日趋紧张、人类精神病症日益严重的社会形势。从深层心理来看，生态意识是在生态无意识的影响下产生的：人类征服自然的欲望源于集体心理中对自然的原始恐惧，生物之间和族群内部的竞争导致人类对自然的敌视和对自然的过度索取，并最终造成巨大的生态破坏。相应地，人类也遭到自然的“报复”——面对自己所造成的灾害，为了保证种群的延续，人类不得不压抑个体欲望，结果造成心理失衡。因而，人类心理很难在满足本能欲求和维护生态系统的稳定之间保持平衡，人类中心主义便是偏执心理的一个突出表现，它助长欲望的滋生，掩盖人类对自然的原始敬畏，过度拔高人类在自然中的地位，最终使之迷失自我。生态无意识反映了人类集体无意识与自然精神之间的联系。作家承受了一个民族的精神压力，肩负起平衡民族集体心理、抚慰民族灵魂的工作，就像荣格对精神分析所抱有的希望那样①，在他眼里，文学艺术作品是拯救人类灵魂的药剂。荣

① 荣格认为，精神分析具有灵魂治疗的作用。参见〔瑞士〕荣格著，冯川编：《荣格文集》，冯川、苏克译，第286～305页。

格试图在美洲原住居民或非洲土著人心灵中找到解救欧洲现代文明的方法,他认同那种富于诗意的自然生活,他认为这才是人类灵魂的真正归宿。

荣格从心理学的角度对文学和艺术作品所进行的批评正是建立在对原型意象的心理分析上。例如,他对浮士德(Faust)、尤利西斯(Ulysses)等意象的分析,都体现了他对集体无意识精神的深刻理解。他的观点可以这样去理解:作品中的意象是从一个民族的集体无意识精神中浮现出来的,是它们创造了文学艺术家并使之成名,而非艺术家创造了这些意象,因为艺术家仅仅凭借个人意识和个体潜意识是无法创造这些意象的,他们必须听命于集体无意识精神,并按照集体无意识的要求来完成艺术作品,他们所创造的意象并不能够超越集体无意识的范畴。荣格为文学家披上古代祭司的衣着,令其念动神秘的咒语,把人类对自然的情感全都昭示出来。那咒语便是富于节奏的诗歌,它让阅读者感到自己的灵魂在颤动,随着诗歌的旋律飞舞,祖先的形象浮现在眼前,他们闪闪发光,如天上的星辰,在神秘的夜色中表现出强大的精神力量。这又像是一场梦,历史上最伟大的作家和他们作品中的人物得以显现,他们全都同自然的所有造物一起,无一例外地参与到自然和宇宙精神的永恒循环之中。这美妙的幻境便是由文学作品所创造的奇迹,人类在艺术家的梦中与荣格相遇,他就像引领但丁(Alighieri Dante)的维吉尔(Vergil),把灵魂一直引向人类潜意识的底层,在那里,荣格向世人展现了整个自然。

荣格理论对生态转向的意义

将生态学的研究观点和研究方法用于文学批评,标志着一种新的文学批评范式的出现:生态批评;同时也标志着文学批评的新转向:生态转向。正如施特劳斯(Leo Strauss)所言:“当人类走到现代性的尽头,实际上就必然会回到‘古代人’在一开始就面临的问题。”①后现代哲学是对现代性及其观念的反思,生态学则成为后现代哲学,尤其是以大卫・格里芬(David Kay Griffin)为代表的建设性后现代哲学对现代性进行反思和重构的重要依据。在宗教哲学、伦理学和生态学的结合之下,诞生了一种新的哲学世界观,即建设性的后现代生态哲学。

---

① 〔美〕列奥・施特劳斯:《自然权利与历史》,彭刚译,北京,生活・读书・新知三联书店,2003年,第1版,第19页。

建设性后现代哲学及其生态观的产生有着深刻的历史原因。在此之前,"解构"几乎成为后现代精神的代名词,福柯(Michel Foucault)、德里达(Jacques Derrida)、德勒兹(Gilles Louis Réné Deleuze)等人代表激进的后现代主义,他们对现代文明引以为傲的科学精神和理性主义进行反思。在部分解构主义者看来,现代文明更是让人类走向癫狂的根源。《古典时代疯狂史》中写道:"疯狂揭开了人的终结真相:它显示出,激情、社会生活、所有和不识疯狂的原始自然相远离者,可以把人推到什么境地里去。疯狂总和文明及其不适相关联。"[①]在福柯眼里,文明才是造成疯狂的真正原因,而非自然。这一观点概括了后现代思想对现代性的质疑。再如科斯洛夫斯基(Peter Kozlovskiy)在他的《后现代文化》中揭示的,以科技为代表的现代文化,是给当代社会带来种种精神危机的思想根源,技术向自然提出挑战的同时却并没有消除人类心灵深处的恐惧感,相反却加重了人类的精神危机。他的观点既是对技术决定一切的现代观念的反驳,同时也代表了大多数解构主义后现代思想家的观点。相似的观点在史蒂文·康纳(Steven Connor)编著的《后现代主义》中也可以找到,书中认为后现代的两个重要元素:科学和技术之所以遭到质疑,其原因就在于它们给人类和自然所造成的"副作用"[②]。但是,解构主义缺乏重塑人类精神的建设性意义,它没有建立一套属于自己的,并能够为人类精神指引方向的世界观,无法为人类的偏执、焦虑以及孤独等精神病症指引出路。解构主义存在的问题为建设性后现代思想的兴起留下契机,解构主义对现代性的反思为生态运动及其思想精神的传播起了推波助澜的作用,建设性后现代哲学希望能够建立一种新的世界观体系,既避免解构性的后现代主义所存在的缺陷,也能够挽救现代性之后的人类的精神危机。所谓"建设性"可以理解为后现代精神的延续——反省后的重建。

建设性后现代生态哲学奠定了生态批评和生态文学研究的理论基础。20世纪以来,在高度发达的现代文明之下,人类对生态环境的破坏日益严重,引起越来越多的人对于生态问题的担忧。一般认为,卡森(Rachel Carson)的《寂静的春天》是当代生态文学的定鼎之作,它被称为生态文学的"圣经"。从西方文学史上来看,虽然文学作品对自然和生态的关注由来已久,

---

① 〔法〕米歇尔·福柯:《古典时代疯狂史》,林志明译,北京,生活·读书·新知三联书店,2005年,第1版,第721页。

② 参见 Steven Connor(ed.), *Postmodernism*, London, Cambridge University Press, 2004, pp. 137～138.

但是并没有真正从生态学的角度来看待人类与自然之间的关系。因而,文学的生态转向应当是从《寂静的春天》这样的作品开始的。在卡森看来,人类对自然的保护和尊重是出于人类精神的内在需要,人类精神从属于生态精神,是宇宙精神的一部分,人类对自然的敬畏是一种精神性回归。维护生态系统的平衡和稳定并非仅仅为了维护人类自身的利益,更是为了整个生态系统的存在及其价值实现。

生态文学既超越了纯粹的自然审美,同时也剥离了环境文学的功利主义色彩。生态文学正是要人类摆正自身在宇宙中的位置,重新认识自身存在的意义以及对整个生态系统的价值,新的文学类型的出现也成为生态批评的实践基础。作为自然的一部分,人类自身的价值实现是自然存在的内在需要之一,但是,生态系统并非只为人类而构建,相反,生态系统有其自身的目的性,正如建设性后现代哲学所看到的那样,整个生态系统是由人类以及多种生物和非生物之间的相互关系构成的,人类的存在意义在于维护这些关系的稳定,而非凌驾于万物之上。

作为一种新兴的生态批评范式,除了哲学理论基础之外,生态转向亟需大量心理学、人类学等理论的支持,荣格的集体无意识理论刚好能够解释群体心理与自然的关系、群体的精神病症以及灵魂的自我救赎等诸多复杂问题。一方面,人类从自然中获取最基本的资源以维持生存,人的早期记忆中充满对自然的强烈依附感。另一方面,原始人眼中的自然并非完全是一个美丽的世界,相反,它处处充满危险,不仅有其他物种随时可能带来的威胁,还有难以理解的自然灾害给人类带来的痛苦。正如达尔文(Charles Robert Darwin)进化论所证明的,人类与其他生物之间的竞争在人类发展过程中占据了非常重要的位置,它对人类集体无意识精神的影响是极为深刻的。对自然的恐惧始终占据上风,摆脱自然的控制,为了抵御自然灾害所带来痛苦,在自然中实现自我的生存价值,征服自然便成为人类生存的终极目标,它也成为推动科学和技术发展的潜意识动机。但是,事与愿违,科学和技术的发展并未能够让人类实现摆脱自然控制的愿望,相反,却让人类的精神陷入更深的危机之中——现代人类的种种精神病症(偏执、恐惧、癫狂等),人们对自然亲和、依赖的心理遭到抑制。生态文学的目的正是为了拯救人类的精神危机,让人类灵魂重回自然。

荣格并没有像社会达尔文主义者那样最终走向"适者生存"的偏执,相反,他认为现代人对原始人记忆的传承,正是人类有可能走向"回归"的依据。他认为人类集体无意识中依然存在着对自然最原始的敬畏,科学和理性占主导地位的现代文明无法彻底摆脱此种心理的影响。荣格清楚地看到现代文明给人类精神带来的问题，他希望能够借助心理学研究来为人类精神找到一条更为妥帖的道路——人类灵魂的自我拯救之路。对他来说，现代人对科学和理性的崇拜无异于原始人对图腾柱和神秘仪式的崇敬，两者都是为了让人类精神在整个生态系统中找到自身存在的价值和意义。在集体无意识精神的影响下，人类始终需要在实现自我生存和维持整个生态系统的稳定之间寻求一种内在的精神性平衡：

> 你真美呀，请停留一下！①

如荣格所指，人类似乎也应当“停一停”，以期获得精神上的救赎。

① 〔德〕歌德：《浮士德》，〔德〕弗兰兹·斯泰封绘，郭沫若译，长春，吉林人民出版社，2009年，第1版，第394页。

第一章　荣格心理学与文学

荣格心理学与文学的关系非常密切，尤其是他思想中的两个重要理论：集体无意识理论和情结理论。集体无意识的主要内容是原型。原型是文学作品素材的来源，例如，神话原型即是文学作品的早期素材，体现原始人心灵对自然的理解和观照。情结理论则关注作家的心灵，反映作家个体潜意识背后的民族精神，情结本身受到自然原型的影响并作用于作家心理。这两大理论集中概括了荣格对人类心灵、文学以及自然之间关系的研究，并体现荣格文艺心理学思想中的生态精神。

第一节　荣格的文艺心理学思想

一、概述

荣格心理学思想属于精神分析心理学流派的一个重要分支，迄今为止，荣格的心理学思想已经深刻影响了诸多的文学艺术等诸多学科和领域。就荣格本人而言，文学艺术与心理学之间的联系是显而易见的，作为人类精神的表象，文学艺术具有象征性和仪式性等特征，例如，民族、神话、传说、仪式、原型、情结等，这些词象征了人类心灵中最为隐秘的部分。文学艺术与心理学之间的关系，尤其是文学艺术同无意识之间的关系又非常复杂。

潜意识对意识的作用是决定性的，一方面，“不论在个体发生学还是在集体发生学上，潜意识都先于意识而存在”①，即潜意识并不依赖意识而存在；另一方面，“潜意识非常难于被自觉意志所影响，如果说它能够被影响的

① 〔瑞士〕荣格：《文明的变迁》，周朗、石小竹译，北京，国际文化出版公司，2011 年，第 1 版，第 341 页。在《从心理学角度看良心》一文中，荣格专门探讨了意识与潜意识的关系问题。

话;它只能被潜抑或压制,而且这种潜抑也只是暂时性的"[①]。相较而言,潜意识对意识的作用显然要大过意识对潜意识的影响,只不过在大多数时候,潜意识的作用很难被发现。在文学艺术中,潜意识的作用更为重要。在荣格的文艺心理学体系中,集体无意识理论和情结理论对文学艺术的影响最为突出。例如,原型批评理论便是由集体无意识理论衍生出的文学批评模式,情结理论则影响了批评家对作家创作动机的分析。

荣格希望将文学和艺术作品还原到一个更为初级的状态,它并非局限在性本能及其压抑的个体无意识层面,而是一个民族甚至是人类整体的原初的心理状态,"心理潜抑的对象并不仅仅是性,而是总体意义上的本能"[②]。通过还原,批评家可以找到影响文学艺术的、更为深层的心理动机,并且更确切地理解文学艺术作品以及艺术家的创作活动。在荣格看来,个体无意识理论对文学艺术的研究模式,就如同是一个正在进行着的医学解剖实验,"它剥掉了艺术作品闪光的外衣,将包括了诗人和艺术家在内的整个人类的赤身裸体和死气沉沉统统暴露在外"[③]。文学作品被当作人类神经症以及个人性幻想下的产物,这种研究方法代表一种机械的、僵化的批评模式,荣格反对仅仅从纯粹的医学角度来分析文学作品,他试图寻找更为恰当的方式来理解文学作品,把读者和批评家对文学的理解从人类自身引向更为广阔的自然:将文学艺术作品放置在一个深广的背景下来考察,把人类的心灵还原到一种原始的自然状态。

荣格认为,自然在人类心理的形成过程中起到了极为重要的作用,尤其是对于原始人心理的影响。这一思想为文学和艺术作品研究指引了一条新的方向:从纯粹的文学艺术心理学探索转向对自然与人类心灵之间关系的研究。人与世界之间的关系不再是相互独立、彼此分离的,自然对人类集体潜意识的形成起到了决定性的作用,人类的所有创造活动都不可能脱离自然的影响。从心灵与自然关系的角度来看,集体潜意识影响对个体无意识的影响实质上反映了自然对人类心理的影响。自然在民族精神、民族品格形成过程中的起到了潜移默化的作用,自然对民族精神的影响必然涉及单个个体心理的形成,艺术作品反映了自然对民族集体和作家个体的双重影响。文学作品就像自然界的某种植物那样,不仅与脚下有限的泥土发生关

① 〔瑞士〕荣格:《文明的变迁》,周朗、石小竹译,北京,第341页。

② 〔瑞士〕荣格:《转化的象征——精神分裂症的前兆分析》,孙立明、石小竹译,北京,国际文化出版公司,2011年,第1版,第154页。

③ 〔瑞士〕荣格:《人、艺术和文学中的精神》,孔长安、丁刚译,北京,华夏出版社,1989年,第1版,第68页。

系，还跟周围的一切生物与非生物组成的生态系统都有着密不可分的联系。文学艺术作品的种种特性来自于周围环境以及基因遗传的综合作用，呈现出有机的、整体性的特点。

荣格的情结理论也区别于个体"情结"模式，不过，同弗洛伊德（Sigmund Freud）一样，荣格也认为文艺创作本身是超越了意识之外的活动，它更多地受到潜意识的影响，作家的激情、痴狂等状态都是意识无法控制的，他们的情绪都受到无意识的控制。只是荣格更倾向于集体无意识的决定作用，在他看来，作家的创作欲望从属于人类的本能欲望，它是一种自然的、原始的冲动。荣格认为，"本能是一种极为神秘的生命表现形式，究其本质部分地属于心理学，部分地属于生理学。它是人类心理当中最恒定的一种功能"①。

荣格这样来形容作家的自然本能："在艺术家的心灵中，未竟之作是一种自然力量，它或是以独断专行的威力，或是以自然本身难以捉摸的狡诈来达到它的目的，根本不屑观照作为它的媒介的作者的个人命运。在作者内心生存滋长的创作激情像一棵从大地中长出的树一样吮吸着它的营养。"②荣格甚至将艺术家的创作激情称之为"人的精神中的有生命之物"③。这个神秘的"有生命之物"正是荣格所说的情结。艺术家的自然本性之所以被称为"有生命之物"，其原因就在于它是自足的（即"自主情结"），依托于集体无意识的精神生态系统。荣格进而认为这种欲望本身具有满足自身愿望的能力，它是存在于人类精神之中、超越意识之外的并能够左右人的精神的神秘力量。情结理论同大地伦理学的某些观点极为相似，后者认为整个地球都被视作是一个有生命的整体，存在于其中的每一生命个体都是这个有机体的必要组成部分。而且，每一种生命有机体也同世界产生关联，艺术家的创作冲动反映了自然精神对人类精神的影响，艺术家的情结是在人类集体与整个自然的相互关系之下形成的。

除了人类的自然本性之外，产生情结的另一个要素是压抑。在荣格的理论体系中，性压抑只是情结产生的部分原因，或者说只是表层原因，并非每一种文学和艺术作品的产生都是基于性压抑的原因。他认为，情结产生的基础应是集体无意识，集体压抑也应当超越性压抑之外。例如，那些反映人类历史、某个民族或者是自然神秘主题的作品，是很难用个体无意识及其

① 〔瑞士〕荣格：《转化的象征——精神分裂症的前兆分析》，孙立明、石小竹译，第120页。

② 〔瑞士〕荣格：《人、艺术和文学中的精神》，孔长安、丁刚译，第74页。

③ 同上。

压抑来解读的。就情结理论来看，研究立场的转变将批评家对艺术家的评判从个人及其意识的判断走向更为广阔的空间，艺术家个人及其经验对文学作品的影响，已经被自然对人类精神的影响所替代。

荣格清晰地描述了文学艺术家是如何通过一种被认为是“消极”的方式来处理自我精神与人类社会以及自然之间的关系，很多艺术家选择从人类社会中逃脱出来，希望彻底解放无意识以及人的自然本能。例如梭罗、卢梭(Jean-Jacques Rousseau)等，他们通过逃向荒野的方式来实现内在精神的解放：“19世纪初的(最初与华兹华斯和卢梭联系在一起的)浪漫主义和原始主义通常被视为开端，它们把个人的创造力、幸福和满足感与亲近未经改变的自然联系起来。”①包括那些陷于迷狂状态的艺术家，他们正是利用了短暂的逃避方式，来摆脱理性对自然本能的压抑。艺术家和思想家的逃避如同一种“超个人”的行为，同样地，荣格寻找的现代人的灵魂也是一种超个人的情结：“我们期待的将是只能凭自觉去理解的新奇独特的行事、内容和思想是一种含义隽永的语言，是真正的象征形象，因为它们是某种未知物的最恰如其分的表现——是跨向那灵魂世界之岸的桥梁。”②

总之，当人类学的研究逐渐深入的时候，荣格的集体无意识理论得到越来越多的认同，其原因就在于荣格发现潜藏于人类记忆深处的、最为真实可靠的但却是最难以理解、难以把握的东西。在荣格心理学体系当中，那些能够反映人类精神与自然精神关系的作品，象征非意识支配下的、相反却对意识起到支配和引导作用的潜意识精神，它们概括了人类灵魂的真正内容。它并非是一种病态，而是人类精神对自然的反馈。在文学和艺术作品当中反复出现的原型意象，以及艺术家在其创作过程中所表现出的“自主情结”，都反映了集体无意识的作用下自然对人类心灵以及精神的影响。

二、集体无意识理论与文艺作品

集体无意识理论和情结理论是两个相互依存的理论，集体无意识是情结形成的深层动因，而情结则是集体无意识的表象。集体无意识作为荣格精神分析心理学的核心理论，它的主要内容是原型。在心理学上，“集体无意识代表的是所有人都相同的心理现象”③。集体无意识这个词是相对于

---

① 〔英〕威廉·贝纳特、彼得·科茨：《环境与历史(美国和南非驯化自然的比较)》，包茂红译，南京，译林出版社，2008年，第1版，第114页。

② 〔瑞士〕荣格：《人、艺术和文学中的精神》，孔长安、丁刚译，第75页。

③ 〔瑞士〕荣格：《心理结构与心理动力学》，关群德译，北京，国际文化出版公司，2011年，第1版，第298页。在《共时性：非因果性联系原则》一文中，荣格将集体无意识视作一种非因果性联系原则下的集体心理。

个体无意识而言的：个体无意识只是作为集体无意识的一种表征，个体无意识的存在依附于集体无意识之上。

荣格提出集体无意识理论的目的在于揭示影响人类意识的更为深层的潜意识因素，他认为，“无意识（整个原型的总体）是从最遥远的开端到现在为止的人类经验的积淀”①。一方面，他将人类潜意识的普遍特征纳入心理学研究中，更具说服力地阐释了潜意识中超越个体无意识的部分。另一方面，集体无意识理论将原型视作一种反复出现在人类记忆当中的“典型”现象，从而解释了当某类原型出现时所引起的心灵的共鸣。

集体无意识理论认为，“各种本能与原型的综合构成了集体无意识”②。原型往往藏匿于宗教情结和文学艺术之中。就宗教情结而言，原型指人类的创世之神，在原始时期，创世神大多是部族的图腾。荣格认为，正是原型“把我们个人的命运纳入了整个人类的命运，并在我们内心唤起了所有那些曾使人类脱危解难、度过漫漫长夜的慈善力量”③。图腾即是扮演“慈善力量”的原型，图腾表现了人类对自然的原始崇拜，经过长时间的历史沉淀，图腾逐渐演化为一个民族内心深处的情结，它在精神层面维护了该民族集体心理的平衡，同时祛除恐惧和偏执。就文学艺术来看，原型体现了集体无意识对文学艺术的决定作用。原型将人类对神秘自然的崇拜以“文学化”的方式记录下来，逐渐形成共同的集体记忆。无论是宗教信仰还是神话传说等艺术形式，都具有理性难以解释的强烈的神秘特征。由于历史的发展和时间的流逝，原型的最初内容愈发难测，就像潜意识在人类梦境中呈现出的种种怪异形态那样，原型的本来面目也变得扑朔迷离。

荣格认为，神话传说是最接近人类集体无意识的，神话传说中的原型能够反映原始人的真实心理。当原始人在面对某处大自然的奇景或是震慑人心的自然现象时，内心深处所产生出的莫名的激情，就是受到记忆深处潜意识的作用，它体现超越意识之外的神秘原型的力量。但是，仅凭借意识活动很难确切地理解人类原型的内容，荣格认为，“至于所有的神话化了的自然过程，例如冬夏、月亮的圆缺、雨季等等都绝不是客观现象的喻言，而是内在的无意识心理的戏剧的象征性表现，通过形象化的方式接近人的意识——即在自然现象中反映出来……”④被“神话化”的自然，存在于人类潜意识深

---

① 〔瑞士〕荣格：《心理结构与心理动力学》，关群德译，第110页。

② 同上书，第96页。

③ 〔瑞士〕荣格：《人、艺术和文学中的精神》，孔长安、丁刚译，第81页。

④ 〔瑞士〕荣格著，冯川编：《荣格文集》，冯川、苏克译，第42页。

处，它以一种形象化的、戏剧性的方式来隐藏自身。原始人正是用神话传说、宗教仪式来表达他们对自然的理解。荣格还提到童话对原型的表现作用，它是以更为婉转的方式表达原型的内容，它要比神话传说表现得更为隐晦，但是童话却更能够激起人们童年时代的记忆。

原型在内容上的复杂性决定了它的表现方式也是丰富多彩的，文学艺术的诸多形式就是最充分的证明。在荣格看来，文学艺术通过象征的方式来描绘集体无意识的图景，其内容主要是人类精神同自然之间的关系。站在集体无意识的角度来理解小说、戏剧、诗歌以及大多数的文学艺术作品的时候，读者感受到的快乐、痛苦以及种种激情，都同最遥远的古代相连接，阅读者的感受同原始人在自然面前所感受到的是一致的。

文学作品中的原型之所以能够产生上述作用，一个重要的原因就在于它“反复出现”的特性。例如，某个民族的神话传说可以伴随这个民族流传千古，神话中的原型意象在各个历史时期的文学和艺术作品中不断复现，虽然这些文学艺术作品的表现方式有所不同，但是它们描绘的原型意象却拥有相同的来源，这也解释了古代的文学艺术作品缘何能够引起现代人灵魂深处的共鸣，荣格甚至用了“勾魂摄魄”、“气吞山河”①这样的形容词来表现原型的作用。原型意象甚至能够超越了某个民族的界限，并对其他民族产生影响。一些优秀的文学和艺术作品之所以能够让读者的心灵得到满足，甚至在不同民族之间引起共鸣，其原因就在于原型意象所具有的共通性。在荣格眼中，能够表现人类精神病症，并为精神指引方向的作品才是真正优秀的文艺作品，因为它们关注人与自然的关系，包括人类精神与自然精神之间的关系、人类精神在宇宙中的位置以及人类与其他生物之间的关系等。对于文学艺术的作用，荣格评论道：“正如个人意识之态度的片面性被来自无意识的反应所纠正，艺术代表了民族和时代的生命中的一种自我调整的过程。”②

在关于集体无意识的理论著作中，荣格始终用一种浪漫的方式来阐述其集体无意识思想，就像一个讲故事的人，他讲述的不像一个理论，更像是一幕戏剧或一部史诗。他运用许多文学和宗教的故事来阐述原型的神秘形象，他的理论研究本身就带有强烈的神秘感。鉴于集体无意识理论关注的是人类精神的终极问题以及人类精神同自然之间的内在联系，有人因此将荣格学派称之为荣格崇拜——因为它指向人类的终极信仰以及人类精神的归宿。

---

① 〔瑞士〕荣格：《人、艺术和文学中的精神》，孔长安、丁刚译，第81页。

② 同上书，第82页。

集体无意识理论还是荣格为了解救现代人精神危机所建构的理论。从这个层面来讲，荣格的心理学研究超越了心理学作为一个单一学科的范畴，让心理学从对个体心理病症的研究扩展到对人类普遍精神病症的关注。荣格看到了现代人的精神病症，并试图将集体无意识理论用于疗救人类的灵魂。他认为，每个人对于人类群体记忆的理解和追溯，都被原型所牵引，只有在文学和艺术作品的读者感受到来自灵魂深处的震颤时，现代人的精神病症才能够得以祛除。当他独自跋涉在非洲的荒原上思考着原始人类心灵中的秘密时、在同北美洲的土著人交谈中发现另一种理解自然的方式时、在现代社会中感受到越来越多灵魂的焦虑时，荣格疗救现代人精神病症的愿望就表现得更为强烈。

三、情结理论与作家心理

情结理论是荣格心理学体系中的一个重要而独特的理论，它的作用不仅体现在对梦的深刻影响上——“情结导致做梦”[①]，而且，从文学心理学的角度来看，情结理论还为文本批评和作品的心理分析打开了新的精神之门。

在对文学作品的心理学考察中，多种情结模式可以运用于解释纷繁复杂的文本及其表现出的心理结构。而且，情结理论及其应用对于作家本人的心理分析和作家背后民族集体的心理分析都具有非常重要的意义。情结既受到集体无意识的有影响，又是集体无意识的表征之一。同原型相似，情结也有多种类型：一方面，情结反映了人类的心理类型；另一方面，情结也指向人类集体的心理动因。

分析心理学认为，情结是个体无意识的主要内容，情结是构成个人无意识的主要元素。但是，荣格心理学体系中的情结并不同于弗洛伊德的个人情结，例如，荣格在探讨心理学同文学之间的关系时所提到的“自主情结”，就同“弑父情结”、“恋母情结”等有很大区别。而且，情结的心理基础仍然是集体无意识。在个人情结之外，还蕴藏着更深层次的非个人情结因素，非个人情结超越个体无意识的限制，取决于人类的集体无意识心理。荣格还将灵魂与情结联系起来，“灵魂是集体无意识的情结。这种无意识情结在个人无法适应现实时出现，或者想新观念取代整个民众中不适宜的观念时出现”[②]。据此而言，荣格心理学中的灵魂是集体无意识情结的显现。

---

① 〔瑞士〕卡斯特：《梦：潜意识的神秘语言》，王青燕、俞丹译，北京，国际文化出版公司，2008年，第1版，第48～80页。

② 〔瑞士〕荣格：《心理结构与心理动力学》，关群德译，第216页。

诸如恋父情结、恋母情结、自恋情结，等等，都是情结理论运用于文学批评的经典例证，但是，这些情结往往同弗洛伊德及其个体无意识心理学联系得更为密切，对这些情结的研究似乎满足于性本能及其压抑的心理学解释。在反映个体情结的作品中，人们似乎很难注意到隐藏在个人情结之外的集体无意识因素。但是，还有另外一些作品是用个人情结所无法解释的，这些作品的数量甚至更为庞大。例如，南美魔幻现实主义的作品所反映的心理情结就远非个体情结理论所能解释的。它们同民族、历史以及神话传说、宗教、巫术等神秘因素的关系更为密切，魔幻现实主义作家在其作品中所表现出的精神和心理状态完全超越了个人情结的范畴。这些作家的创作活动已经不再是个人的精神活动，他们代表了一个民族的精神，他们背后是一个民族的集体形象，他们的字里行间流淌着整个民族的声音。

从更大的方面来说，情结不仅反映了艺术家个人心灵同整个民族精神之间的关系，它还向人们蕴藏着人类灵魂同自然精神之间的矛盾。在很多时候，荣格将其情结理论用于分析和治疗精神病症，他认为情结往往跟不完整的意识相联系。① 这很容易让人想起荣格对《尤利西斯》的心理学分析，乔伊斯用他的作品影响了整个世界人类的灵魂，荣格却把这比作枝繁叶茂下的单调乏味，他声称，“乔伊斯令我乏味得哭”——他的作品就像自然界的乏味一样——“就像赫布里底斯岛上吹刮过的那些巉岩沓嶂的阴风，就像撒哈拉荒漠中的日出与日落，就是大海的呼啸，就像地道的瓦格纳似的标题音乐。每一阵风，每一次日出与日落，每一声海的吼叫，每一个乐句都是不同的，然而它们又永远地重复着”②。

在荣格眼中，《尤利西斯》是一部能够触碰人类灵魂的伟大作品，因为它向人们描绘了自然在人类集体潜意识中烙下的印记。它所表现出的“乏味”正是最为原始的自然的形态，在阅读这部作品的时候，读者可以感受到自然在其内心深处留下的烙印，那是最为熟悉却又感到无比遥远的自然的气息。作品的内在精神引起了读者心灵上的共鸣，它出自文本背后的更为深广的精神力量——自然精神。作家描绘的人类生活同人类祖祖辈辈所经历的生

① 参见，〔瑞士〕荣格：《心理结构与心理动力学》，关群德译，第130～131页。荣格在《论心理的本质》一文中指出：“在意识中情结是可以被改变的：它们失去了其自主特征，能被充分地转化。它们脱去其神话的外壳，并通过进入在意识中活动的适应过程，将自己人格化和理性化，直至达到辩证讨论成为可能的地步。”在这段话之下，荣格做了这样的解释：“在精神分裂症分裂的意识状态中没有这样的变化，因为情结不是被接收到一个完整的意识，而是被接收到一个不完整的意识中。这就是为什么情结常以原初古老的形态显现。”

② 〔瑞士〕荣格著，冯川编：《荣格文集》，冯川、苏克译，第256页。

活没有任何差别，在作品中，阅读者能够看到日常生活中最为单调、乏味以及由此所展现的悲剧情景，这些都是人们所熟悉的，却是被意识主动排斥的，它只藏在潜意识当中。

自然在每一个人生命中留下的印迹竟然如此一致，尤其是在精神层面上，小说泯灭了所有的差别，它就像一本由无数个标题所组成的联合体，它只用冰冷的态度讲述生命，却不加任何感情色彩，但是它却能够引起每一个读者内心深处的波澜，每一个人用自己的经验共同完成这部悲剧。荣格将其归纳为精神分裂症的表现，实际上它代表了整个人类的精神分裂。集体情结并非源于人类的潜意识，潜意识只不过是情结的容身之处，自然精神才是它的真正来源。

《尤利西斯》这样的小说表现了现代人的精神分裂症状，就像荣格一再强调的："艺术家并不顺应个人的冲动，而是起自现代精神的集体无意识。"[①]现代人希望摆脱记忆深处对整个自然的莫名恐惧，他们始终怀有一种征服自然的愿望，然而当自然臣服于人类脚下，人们不再为是否能够得到足够的食物或者是否会遭遇野兽的攻击而担忧的时候，却在精神上感到从未有过的危机。就像尤利西斯在其生活中所遭遇的所有平淡无奇的生活及其在这个过程中所表现出的精神分裂那样，人类就在现代生活里逐渐迈向同样的精神危机之中。

荣格相信，在集体情结阴影下的文学艺术作品，就像《尤利西斯》那样是对人类精神假象的彻底的自我否定，它摧毁了人类文明最后一块挡箭牌，它像强力的"泻药"，能够摧毁人类精神的遮羞布。在尤利西斯面前，人们发现自己就是那个行走在都柏林街头的小市民，人类的生命就像是一根无限拉长的绳索，在绷断之前永远怀有自以为是的、永恒幸福的梦想，却只能够盼望悲剧的结果。小说的冷漠具有象征意义，它昭示逐渐走向精神贫瘠的人类，他们行走在与自然相反的方向，人们在精神生活中驱逐了神话和想象力，却用空虚和人格分裂填补了它们的位置。

在尤利西斯的身后藏着整整一个世界的人类的灵魂，正像荣格向乔伊斯所提的问题："您意识到了您是一种现象、一个思想、也许一个尤利西斯的情结了吗？您意识到尤利西斯就像一个百眼巨人站在您的附近，为您想出了一个世界与一个反世界，把它们装满各种各样的物体，没有这些物体你就绝不会意识到您自己的自我？"[②]站在集体无意识的神秘城堡之上，每一个

---

① 〔瑞士〕荣格著，冯川编：《荣格文集》，冯川、苏克译，第 260 页。
② 同上书，第 274～275 页。

人都怀有同样的情结，他们在白天重复着尤利西斯的生活，并且在晚上重复着同他一样的梦。

第二节 荣格与弗洛伊德

一、弗洛伊德对荣格的启示

毋庸置疑，作为精神分析心理学的开创者，弗洛伊德对荣格产生了深刻的影响。荣格在其心理学研究过程中不仅继承了弗洛伊德的许多重要思想，而且在更深广的层面上完成了对这位精神分析心理学开创者的超越。即使最终分道扬镳，他们之间的“故事”①也是理解精神分析心理学的关键所在，理解弗洛伊德思想是领悟荣格精神的前提。

自从启蒙运动以来，人类始终在理性上追求自然万物的起源和一切自然现象产生的原因，然而这一切行为并不是现代人类所特有，远古时代人们对于风、雨、雷、电的阐释已经产生在几万年前。这些看似自欺欺人般的解释都成为今天传唱的神话和歌谣，成为人类所有幻觉的来源。包括宗教的一切都只是这些幻觉的一部分。然而人类理性至今未能彻底超越这些幻觉，人类始终颠簸在酒神与日神的船舷上，风雨飘摇地经过了数万年，仍然找不到观念的出路。启蒙哲学家追根溯源的结果，终极因的追究，最后都回到上帝身上，那全知全能的图腾才是解释万物的根本。现代人终于在祖先那里找到了避风港。尽管现代人表面上始终否定这一切，转身之间，却往往流露出对上帝和神祇的崇拜。集体潜意识才是真正的巨人，它站在所有伟大哲学家的身后，站在所有科学家的旁边，站在人类的前方，人类始终在它的吸引下走过千年的历程。现代科技只能在零敲碎打中满足人类欲望的最低限度，却不能带来人类一直所追求的终极幸福。这一切都成为科技之神永远无法取代图腾的原因，它最多只能作为图腾的一个部分。

就像所有其他一切非人类生物一样，人类同样在整个自然中具有同自身相契合的地位，并扮演着食物链中不可缺少的一环。但是人们始终无法

① Douglasa Davis,“Freud,Jung,and psychoanalysis”,Polly Young-Eisendrath,Terence Dawson(eds.),*The Cambridge Companion to Jung*,New York,Cambridge University Press,2008,p.40,“The story of Jung and Freud is of crucial importance to an understanding of Freud and psychoanalysis. The theory of erotic and aggressive longings illustrated by the Freud-Jung relationship is,in my view,the key to understanding the importance of each man for the other.”

准确定位自己，总是或高或低的评价人类在整个自然生态中所处的地位。从达尔文的进化以及遗传理论中衍生出的所谓“自私的基因”和“无私的基因”①等一系列的隐喻，都被纳入人类对自身存在终极价值的漫漫无边的探索当中。

弗洛伊德在他的《一个幻觉的未来》中认为，宗教是孩提时代经历的重演。弗洛伊德将宗教与他在小孩身上发现的强迫性官能症作了比较。他认为，宗教是一种集体的强迫性官能症，是由孩提时代产生的强迫性官能症相类似的情形引起的。② 这里所谓的“恐怖力量”是指自然给予人类所带来的一系列的灾祸，不仅包括地质灾害，同时也包括瘟疫等人类始终难以克服的疾病。尤其对于早期人类来说，种种天灾更像是上天的惩罚，是人类依靠自身力量无法战胜的。面对种种灾祸，原始人就像孩童一样迷惑，宗教扮演了父亲的角色。在原始人类看来，“神”无所不能，宗教在心理上的影响更是深刻而持久。

正如《圣经》中所记述的那样，人类对世界万物的统治和照管是人类与上帝所订立盟约的一部分，这也是人类幻想的一部分：人类从诞生之日起就不断幻想成为自然的主人，控制自然并让自然的一切存在都为自己服务。而这个幻觉的未来既是宗教的未来，也是人类的未来。人类对于自然的态度深受这一幻觉的影响。例如，“生活于基督即将再临的期待之中的有些人似乎总结说，因为存在于上帝的化身中，我们现在有权利随意地做我们想做的事”③。这是克拉克对曲解宗教传统学说者的一种质疑，他希望通过重新诠释宗教经典来扭转人与自然的关系。即使在人类早期对自然的态度中所体现出的恭敬和胆怯，也无法掩盖这种内在的矛盾。如果说人类存在的终极目标就是自我生存价值的实现，那么，这一目标却在人类发展的过程中与整个生态以及自然存在价值的实现上产生了尖锐的对立。

按照弗洛伊德的理论来看，人与自然的关系同人类个体与其父亲的关系如出一辙。人类在对自然的崇拜、畏惧和敬仰中始终无法摆脱超我控制的阴霾。图腾原型成为人类集体恋父和弑父情结的交错意象的象征。而且，人类文明对于自然来说只不过是惊鸿一瞥，正如肇嘉(Luigi Zoja)所声称的那样，对于自然历史的进程来说，人类文明只不过是一瞬间的事——

---

① 〔英〕斯蒂芬·R.L.克拉克：《生物学与基督教伦理学》，李曦译，北京，北京大学出版社，2006年，第1版，第131页。

② 参见〔美〕埃·弗洛姆：《精神分析与宗教》，孙向晨译，上海，上海世纪出版社，2006年，第1版，第13页。

③ 〔英〕斯蒂芬·R.L.克拉克：《生物学与基督教伦理学》，李曦译，第252页。

“像苏格拉底、基督和其他任何我们认为属于古代的人物，都被捆绑在最后的几秒钟内”①，人类所有智慧全都源于大自然，作为整个生态系统的一部分，人类只在最近几千年甚至几百年内深刻影响着地球。

“文化并不是建立于虚空之上的；它以过去的灵长目动物社会前文化的错综复杂性为支撑。”②同样，现代人的潜意识也是依靠史前的动物本能为支撑。对于这种起源的探寻，或许永远没有精确的解释，正如肇嘉所说，这种探索或许只是一个童话故事所必需的要素——“引导我们回到过去的时光并为我们的起源指明方向的，并不只是对知识的需求。它也是讲述故事的需要。每一个文明——特别是父系制的文明——都宣称它拥有自己的神话的权利，有把他植根于提出万物之源的最终故事中的宇宙演化之中的权利”③。每一种文明都在类似的“集体无意识”的迷狂中确立自己文明的源头，一切文学和艺术的辉煌都由这些源头中延续下来。表面看来，现代人类的发展似乎是度过了原始无意识的领域，步入理性的殿堂，但是，从精神实质来看，现代人只是在另一个表象上重复原始人类的一切。图腾变成上帝再变成现代科技，超我的力量从显在的图腾与神的形象转变成理性、科技以及逻辑的抽象范式。人们通过现代科技虽然可以精确并完整地复制原始人类的生活以及生产方式，甚至完美地重现原始人类的样貌，却无法把握祖先的真实心理。根据人类学以及考古学的发现，人们可以从烧焦的炭灰来判断原始人类使用的工具和主要食物的来源，却无法准确获知原始人在使用这些工具和进食时的心理活动。唯一能够转述这些的，就是刻在岩壁上的图腾和千古流传的神话。通过对于图腾的种种研究，人们逐渐发现，几千年的时间改变了物质生活的一切，却没有能够从根本上改变人类的思想和心灵。所有对于过去的追溯和思念，都隐匿在现代人的迷狂之中。闪烁的现代都市的灯火同远古人燃烧的火把一样，勾画着人类诞生之初的梦。

在人的心理和自然本能的问题上，荣格选择性地继承了弗洛伊德，并同他的原型理论结合起来。在荣格看来，人类的本能正是原型意识的象征，作为某种内部体验，原型存在于人类集体的普遍心灵之中，因而也是解释不同地域文化产生相似文明起源意识的途径。不断重复的原型意识象征人类与自然关系的发展前景。正如弗洛伊德所说：“任何知道一点人的精神生活的

---

① 〔意〕鲁伊基·肇嘉：《父性——历史、心理与文化的视野》，张敏、王锦霞、米卫文译，北京，中国社会科学出版社，2006年，第1版，第29页。

② 同上书，第35页。

③ 同上书，第41页。

人都会意识到，要丢弃曾尝试到的乐趣，是再难不过的了。的确，我们丢不掉一切，我们只是以一件事来代替另一件事。有时，我们表面上丢弃了某件事，而我们实际上做的，只是找一个替代。"[①]同样，最原始的图腾崇拜也并没有在历史的演进中被抛弃，相反却以不同的形势不断重复地出现在人类的每一个时代中。虽然不同的神轮流取代图腾的位置，但是其本质并没有发生丝毫改变。诗人所做的白日梦，并没有同常人的梦有本质上的差别，唯一的不同或许只是文学家会运用语言来描述他们的梦，这种描述通常会比一般人更精确、更形象。

人类同自然的关系并没有因人类物质生活的变化而有根本上的改变。通常所认为的人类与自然的关系由和睦到冲突、再到对立激化的过程，只是停留在物质的表象之上，其精神内核和本质却是始终冲突的：人类从远古时代对于自然的崇拜和敬畏起，直到现代社会对自然的野蛮征服和无休止的掠夺，都是在这样的精神指引下完成，遥远的图腾就像一面旗帜，永远指引人类向自然"进军"的噩梦。面对自然，人类似乎始终没有摆脱敌对和畏惧的心态，自然就像父亲，作为超我的力量始终压抑着人类及其心灵深处的欲望。"弑父"情结成为普适性的、难以摆脱的人类的宿命，在自然与人类关系的层面上，情结又被无限扩大，成为人类集体与整个生态敌对的根本动因。自然越强大，人类越恐惧，就越加重此种心态在人类集体中的蔓延。

弗洛伊德在《心理分析的困难之一》一文中分析了人类自从诞生之日起始终无法摆脱的自恋症倾向，即"目前为止人的总的自恋以及人类的自恋是怎样受到了来自科学研究的三次严重损伤"[②]。人类在科学发展的过程中，不断被自我所解构，人类在建立辉煌文明的同时却将文明推向自我毁灭的未来。他认为，第一次自我解构是在哥白尼发现地球并非宇宙中心的时候，并在此之前就有人提出类似的理论，这个理论的提出严重打击了中世纪人类自以为世界中心的狂热的自恋，地球只不过是整个宇宙中普通的一环——"人类的自恋遭到了第一次打击"[③]。第二次是在达尔文提出生物进化论之后，他让人们看到"人不是不同于动物的生物，也不比动物优越。人起源于动物，而且同动物有着或亲或疏的关系。人后来进化的结果并不足以抹掉他在身体结构以及精神气质方面于动物同等的证据"[④]。实际上，人

① 〔奥地利〕弗洛伊德：《论创造力与无意识》，孙恺祥译，北京，中国展望出版社，1986年，第1版，第43页。

② 同上书，第4页。

③ 同上书，第4～5页。

④ 同上书，第5页。

类自认为与非人类生物的种种差异并不是从人类诞生之日起就有的，相反，原始人类对动物的尊重程度是现代人类所无法想象的。这种尊重在现代人类社会也能找到影子，例如印度文化对牛的尊重等。只是进入文明社会，圈养动物成为可能，家畜不再是人类惧怕和崇拜的图腾，而变成人类生存的基本来源之一，从这时候起，人类才拥有了征服其他物种的自信，人类对于动物的优越感也是在这个时候才形成的。自恋倾向直到今天仍旧影响着人类在对待非人类生物时的态度和行为。在达尔文进化论对人类自恋的第二次打击之后，人类距离走出自恋症的藩篱还有相当长的时间。正如弗洛伊德自己所认识到的，“虽然在同外界的关系上，人的威风被如此扫尽，人仍然感到在自己的灵魂深处主宰着一切”①。这一灵魂深处的主宰，正是现代人类所强调的抽象的科学与理性，然而这种抽象的科学与理性的结合也只不过是原始图腾崇拜的变体。图腾作为原始人类意志的外化，同科学技术在现代人类心灵中所占有的地位并没有本质上的差别。

第三次严重的损伤也正是弗洛伊德在书中所着重强调，并要试图证明的，即，潜意识的发现对于人类理性的冲击。潜意识对意识的所有影响是后者很难发现的，在弗洛伊德之前，潜意识往往被认为是一种邪恶的入侵②，甚至是一种人类的退化。然而弗洛伊德以及他之后的继承者，用事实证明了这种“邪念”只不过是人类头脑中避开知觉、逃离意志控制并对意志产生影响的自然本能。对于个人来说，性本能是最能体现人类个体与自然的密切关系；对于集体来说，通过自然遗传以及自然变异留存在人类集体中的潜意识原型是最能体现人类整体与自然的密切关系。当人类以为理性与科学可以解释万物的时候，突然发现自由意志的无法控制和难以察觉。人类所有的发掘自然“真相”的努力都变成可笑和难以琢磨的、无法控制以及模糊混沌的“本能”。它让人类最终失去了世界之王的宝座，降为同非人类生物平等的地位，人类同所有非人类生物一样，根本上都是受到自然本能的控制。也就是说，自然才是真正统治万物的主宰，才是一切图腾至上最高的“神”。对弗洛伊德、达尔文进化论以及人类发展史的研究使更多人相信，人类与自然以及整个生态的关系是在对立与冲突中建立起来，并在不断反思中调整、平衡。如博萨尼对弗洛伊德的诠释那样，“弗洛伊德关于文明最著名的理论陈述，应被理解为对一个迷恋理论的文明所进行的强有力的间接

---

① 〔奥地利〕弗洛伊德：《论创造力与无意识》，孙恺祥译，第6页。

② 同上书，第7页。

批评”①。

弗洛伊德对个体无意识的分析对于解释人类历史的发展是具有借鉴意义的。原始时期，相对于人类的软弱和无助，自然力是神奇的且异常强大，人类幻想通过巫术以及类似的神秘仪式获得部分的自然神力，以便能够得到人类发展的动力，一方面保护自己摆脱非人类生物的迫害和袭击，另一方面帮助自己能够在险恶的自然环境中实现种族的延续和存在价值的实现，远离疾病、灾祸以及诸如此类的种种自然灾难。

随着人类进入农业社会，人类逐渐掌握了控制部分自然的能力，例如，人类可以根据自己的需要饲养动物，农业的发展，也让人类在一定程度上摆脱了自然的控制，可以生产足够的食物而不再忍受饥饿，并且建造的房屋在很大程度上可以抵御季节交替所带来的麻烦。这个时候，人类在身体上受到自然的压迫开始缓解，因而，心理上的压迫也相应缓解，主宰万物的神开始变为人的形象，原始图腾也形成了半人半神的模式，人类逐渐走向自我发现之路，开始越来越重视自身的力量，从人类形象第一次出现在图腾中的时候开始（例如，上帝是以人类自己的形象被想象和复制成艺术品），并且更加相信自我感观，人类逐渐相信自己是万物的中心，地球是宇宙的焦点。这一时期，人类创造了辉煌的文明，同时也对自然造成了初步的破坏。在这一时期的中后期，人类中少数睿智的部分开始意识到地球并非世界的中心，人类也只不过是组成自然的一部分，并非核心。人类的自恋第一遭到打击，人类心理的伤害开始由外在的自然转向内心，自然对人类心理的伤害开始减少的同时人类的自我反思开始前所未有的增强。

最后一个时期，人类在集成了农业社会所创立的辉煌的基础上，开创了更为宏大的工业时代。机器的轰鸣成为人类征服自然的号角。理性的光辉照耀世界，启蒙给人类带来了无比自信和强大的力量，科学、技术成为通向真理大门的钥匙，成为新的图腾，新的神。大学里树立的原子和 DNA 雕塑成为人类共有的新图腾。人类拜倒在科学的脚下，不再相信感觉和神话，梦幻与史诗般的自然以及一切自然神力都被公式与方程所解构，随之建立起数字的高塔——通天的巴别塔。人类终于建造成能够通往上帝之城的道路，自然被踩在脚下。人类身体从未拥有如此强大的力量，人类的活动得以深刻影响地球的地理、物理以及化学因素。然而自然并没有坐以待毙，相反，却不间断地给人以报复：通过各种灾害反作用于人类，人类在狂放向前

① 〔美〕利奥·博萨尼：《弗洛伊德式的身体：精神分析与艺术》，潘源译，上海，上海三联书店，2009 年，第 1 版，第 19 页。

发展的同时不得不时不时注意脚下，以免摔得鼻青脸肿。科技的发达、人类身体力量的壮大，心灵却并没有产生共鸣，相反，心理的反思在不断加剧，达尔文进化论以及个体无意识、集体无意识理论的冲击，都让人类的心灵蒙上更深的阴影：无论人类多努力，最终都无法逃过自然轮回的命运；无论人类科技多发达，都无法彻底避免自然灾害的袭击，并且人类的发展却带来更多的灾害；无论人类理性多完善，都无法解释自然本能的冲动。一切的一切都向相反的方向坠落，心理上的压迫感并没有因为物质的满足和科技的发达有所减轻，相反却更加严重。人类于自然和整个生态的关系愈加复杂。

总之，个人同自然的关系扩大到整个人类集体，个体无意识也由此扩大到整个人类的集体无意识。原型的发展和变化能够体现人类的集体自恋等情结，图腾崇拜也像幽灵一样伴随人类发展的每一个过程，人类意识自始至终未能摆脱这一无意识原型的控制。弗洛伊德在努力证明其理论的意义时，无意中为生态心理和生态精神的确立和发展奠定了理论基础，荣格则在弗洛伊德的启示下从个体走向人类群体，从个体向群体的过度反映了这样的事实：人类群体对自然的态度正是在集体无意识的心理作用下形成的。人类一方面不得不面对自我价值的实现同自然整体利益和生态平衡之间的矛盾，另一方面，集体无意识的自然本能促使人类无法忽视自然精神的强大力量。这同时也是一个自我反思、自我解构的过程。人类通过生态精神来反思文明史的发展，并权衡自身对自然以及非人类生物所做的一切。

二、荣格对弗洛伊德的超越

弗洛伊德与荣格所代表的精神分析心理学派产生于19世纪末20世纪初，这一时期正是达尔文及其进化理论得到广泛关注的时候，生物进化论的提出对于很多学科都产生了重要影响。精神分析学尤其以荣格的集体无意识理论更是接受了这一思想，并将其运用于心理学研究当中。

虽然弗洛伊德与荣格最终分道扬镳，他们之间的友谊也因为学术意见相左而终止，但是这并不能让两者的学术思想完全背离，在弗洛伊德理论的基础上，荣格实现了对老师的超越。正如1907年弗洛伊德和荣格之间的一次重要通信所揭示的那样：

> 荣格：现在，我希望您能够解释：您是否认为性是所有感觉的基础？对于你来说，性是人格的组成部分之一（尽管它是最重要的部分），并因此成为临床精神病症中表现出的最为重要和最为频繁的症状？是否有些精神病症是由一些更为深层的或是非性情结因素与性情结一起共同

决定的（如职业、工作等）？①

……

弗洛伊德：大量的论文都很难回答你的这个问题。并非是我知道得多，而是因为有许多同样有效的可能性。现在不相信任何人能够合理地解释性事所有感觉的基础。根据诗人，我们知道本能的两种来源，其中之一便是性……②

弗洛伊德谨慎地承认在性之外仍然有影响人类个体潜意识的东西存在，但是这并不能够动摇他对性决定论的坚持。对于荣格和他的问题而言，弗洛伊德的回答既是一种恳切的诠释，同时又为他突破个体潜意识的范畴留下了契机——似乎还存在着多种“可能性”。

即使弗洛伊德曾像一个预言家般指出荣格思想的“危险性”——尤其是对于他们之间的友谊而言：“我请求您，不要把一切聪明才智和随和的脾性都奉献于某种偏执，尤其不要在你我如此亲密之时又远我而去，否则，恐怕有一天你我会因此分道扬镳。”③荣格却并没有因此停止对集体无意识的探索，并且，他清醒地认识到，个体无意识与集体无意识在文学批评当中不应当是相互排斥的，两者的结合反而有助于更为全面地理解文学作品或者文学现象，其结合点就是对梦的分析。精神分析心理学注重对梦的阐释，不同之处在于弗洛伊德看重梦中所呈现出的心理元素之于“性”的象征意义，荣格则更倾向于解释性本能及其压抑背后的社会历史原因以及人类同整个宇宙和自然的关系。

在对作家的心理分析上，荣格是从生态的角度来诠释集体无意识对作

---

① William McGuire(ed.), *The Freud/Jung Letters*, Ts, Ralph Manheim and R. F. C. Hull, New York: Penguin Books, 1991, P73, “I would now like to ask you for an explanation: do you regard sexuality as the mother of all feeling? Isn't sexuality for you merely one component of the personality (albeit the most important), and isn't the sexual complex therefore the most important and most frequent component in the clinical picture of hysteria? Are there not hysterical symptoms which, though co-determined by the sexual complex, are predominantly conditioned by a sublimation or by a non-sexual complex (profession, job, etc)?”

② Ibid., p. 74, “As for your question, a ream of this paper would not suffice for an answer. Not that I know so much, but there are so many equally valid possibilities. For the present I do not believe that anyone is justified in saying that sexuality is the mother of all feelings. Along with the poet, we know of two instinctual sources. Sexuality is one of them...”

③ Ibid., pp. 53～54, “But I beg of you, don't sacrifice everything essential for the sake of paedagogic tact and affability, and don't deviate too far from me when you are really so close to me, for if you do, we may one day be played off against one another.”

家心理的影响。从起源上来说,集体无意识产生于自然对人类祖先心灵的深刻作用。正如荣格在《现代灵魂的自我拯救》中指出的:人类的心灵亦是进化的产物[①],祖先记忆在人类心灵中留下的烙印深刻影响着现代人的思想、意识和行为。从遗传学的角度来说,潜意识是作为身体的一部分被保存在基因和记忆当中,并随着人类的发展得以传承。在荣格眼里,只有集体潜意识才能够有如此强大的力量,一个民族在历史过程中所形成的集体潜意识是存在于这个民族的每一个成员心灵当中的。相比而言,个体潜意识只是作为意识之下与意识最接近的部分对人类意识产生影响,推及文学,个体无意识也只能解释有限的文学作品以及个别作家的创作活动,并不能解释全部的文学作品以及文学现象背后的心理动因,尤其是那些能够反映整个民族心灵、社会心理的作品。另一方面,集体无意识还保留了人类最初的记忆——自然在人类祖先头脑中所呈现的早期印象。所以,当文学作品在表现这些内容的时候,往往带有深厚的历史积淀,作家仿佛来自遥远的过去,为读者描绘祖先见到过的自然景象。这些作品能够引起读者的共鸣,激起似曾相识的感觉,它们来自于长期潜伏在人类集体心灵深处的记忆。

受到进化论的影响,集体无意识理论也无法回避心灵进化问题,但是荣格所强调的并非社会达尔文主义者们所重视的进步观,而是强调现代人心灵对古代人心灵的继承。正因如此,现代人心灵中不可避免地保留着古代人对世界的认识以及对自然和整个宇宙的理解。因而,文学艺术当中不断复现的古代神话传说的意象、回归主题以及对黄金时代人类生活的莫名向往,等等,也都源于现代人心灵对祖先灵魂的继承,其背后的心理动因几乎可以追溯到亿万年前。

在人类群体中,诗人更加敏感、更容易被潜意识所左右,诗人的个体无意识受到集体无意识的影响则更为深刻。诗人在对个人情绪、个人感情进行表达和抒发时,往往带有鲜明的民族品格。诗人的个人潜意识被置于一个更大范围的集体潜意识的背景当中,在诗人的带领下,读者仿佛乘坐时间机器,回到了万年前的地球,在广袤无垠的自然风光中感受远古的气息。诗人表现的激荡情绪已经超越了个体心理的范畴,不自觉地受到集体无意识的影响。这也是伟大诗人的作品能够超越个体心灵并被广泛理解和接受的深层原因。诗人在其诗歌中所表达的对自然的憧憬、对现代社会的不满以及对远古淳朴生活的向往等内容,都可以在性本能之外找到更合理的解释。

---

① 〔瑞士〕荣格:《现代灵魂的自我拯救》,黄奇铭译,第193页。

例如，博尔赫斯(Jorge Luis Borges)在他的诗集中处处表现出对历史的关注、对人类命运的怀疑。在他看来，孤独、焦虑始终是人类的特征——"在这人世间，只诞生过一个人，只死过一个人……只有一个人看见了辽远的曙色。只有一个人嘴里体验到了水的清凉、果味和肉香。我讲的是那独一无二的人，讲的是我自己，讲的是永远都生活在孤独中的人"①。在马尔克斯(Gabriel José de la Concordia García Márquez)、博尔赫斯等作家眼里，人类的处境是孤独的——被自然孤立。人类在生存过程中不断感受到焦虑和痛苦：人类试图了解自然，解释复杂的自然现象，并妄图征服自然。人类对待宇宙自然的方式也同样适用于对待同类，为了占用更多地资源，总有一部分人希望征服、奴役另一部分，就像勒克莱齐奥笔下永无休止的《战争》，人们似乎总是习惯于让自己处于焦虑和孤独的境域。如荣格所言："相对于性本能及其压抑而言，更可能是社会因素在起作用。"②

在博尔赫斯的诗歌当中，很难找到诗人的影子，阅读者看到的大多是壮阔的历史图景，人类历史和社会的全部内容构筑了伟大的博尔赫斯式的诗歌，这些诗是从诗人个人体验中流淌出来，却带有全人类的声音。在整个宇宙和自然的背景下，诗人隐去身形，借助语言来表现个体潜意识之下的神秘城堡。在这座伟大的城堡中，人类祖先诞生之初的情形得以彰显，他们为了摆脱自然的"奴役"而不懈努力，在人们似乎看到控制自然的曙光时，却体验到前所未有的孤独、迷惘和焦虑。

与弗洛伊德相比，荣格的文艺思想不仅仅在范围和程度上都超越了前者，而且更容易帮助研究者从自然的角度来理解作家的思想及其作品的深意。以神话传说和文学的关系为例，神话传说不仅为文学作品提供了原始素材，而且神话原型本身就是潜藏在作家、诗人心灵深处的东西，作家的创作过程与其说是对这些材料的加工，不如说是对埋藏于记忆深处潜意识的发掘、是人类远古记忆的复现。作家创造的诗歌意象，更像是对原始记忆的描摹。自然精神对作家灵魂的影响，更多的是作用于作家心灵中祖先所遗传下来的记忆，作家借此观照自然，最终创作了伟大的作品。因此，文学家对自然的热爱、对原始纯朴生活的向往和回归，都受到集体无意识的影响。

从集体无意识的角度来看，文学的发展似乎同人类社会发展的原动力

---

① 〔阿根廷〕博尔赫斯：《博尔赫斯全集 诗歌卷(下)》，王永年、林之木译，杭州，浙江文艺出版社，1999年，第1版，第42～43页。

② William McGuire(ed.), *The Freud/Jung Letters*, Ts, Ralph Manheim and R. F. C. Hull, p. 52, "So there has been no sexual failure, more likely a social one."

正好相反。就像基思·托马斯(Keith Thomas)在他的《人类与自然世界》当中描绘的那样:“城市的发展导致人们重新向往乡村。农耕的进步培养了人们对野草、高山以及未被征服的自然的喜爱。”①从野蛮荒野到秩序井然的农业文明,从闭塞的乡村到繁华的大都市,人们似乎始终坚持着某种信念——征服自然,它成为人类社会发展的原动力。但是文明的“进步”、远离荒野的过程并没有让人们在内心深处得到征服自然后的优越感和控制自然后的安全感,相反,人类心灵却步入偏执的深渊。在自然精神影响下的人类精神,始终受到集体无意识深处恐惧、焦虑等情绪的作用。文明的发展过程就像是一个人类自我压抑的过程,如荣格所看到的那样,这种压抑远远超越了性本能压抑的范畴,它反映了人类心灵与自然精神之间的“压抑—反抗”模式。“压抑—反抗”反映了作家的创作过程——某种回归和释放的过程,作家通过作品来表达人类灵魂的内在需要。诗人的非自由意志则体现在他们的迷狂状态中,一旦这种状态控制了诗人的精神,他们就会迸发出无限的创作激情,但是,如果在理性状态下,诗人就很难调动这种激情。因此,理性是对无意识的压抑,人们希望借助理性来摆脱无意识的控制,但是这种努力往往是徒劳的,无意识受到的压抑越大,它对意识的反作用也会越大。这种“压抑—反抗”的模式,生动地反映了人类与自然之间的关系。荣格他希望能够了解造成现代人群体精神病症的根本原因,并试图通过自己的心理学研究来消解人类精神与自然和生态精神之间的对立。

在荣格理论的影响下,文学批评也必然顾及人类及其心灵与自然之间的相互关系,它的研究范围也更加广泛,不会仅仅停留在对作家、诗人个人及其心理的分析上。这种超越既是荣格对弗洛伊德的超越,也是文学批评对自身的超越。例如,原型批评理论正是在这个荣格理论的基础上展开的。它发掘文本内在的心理动机,将文本放置于更为广泛的背景当中,使文本同整个宇宙和自然产生联系。

还应当注意的是,作家在其作品中所表现出的精神病症不仅仅象征了某个个人或群体对人类命运的担忧,而是象征了现代文明之下整个人类的精神危机。诺依曼(Erich Neumann)在他的《深度心理学与新道德》一文导言中就曾指出:

> 现时代是人类历史上的一个纪元。在这个纪元里,科学和技术无疑

---

① 〔英〕基思·托马斯:《人类与自然世界(1500—1800年间英国观念的变化)》,宋丽丽译,南京,译林出版社,2008年,第1版,第305页。

> 正在表明有意识心灵对付自然天性的能力，并在很大程度上主宰它——无论如何，在比人类历史上任何较早的时期都更大的程度上主宰它。然而，它也是这样的纪元，在这个纪元里，人类对付心理的天性和对付人类灵魂的无能，已经变得比以前任何时候更令人震惊和更明显了。①

受到荣格心理学精神影响的现代学者似乎都抱有这样的信念：现代人类正在走向精神的自我分裂。人们对待自然、对待异类以及同类的态度，就像是“邪恶在人类身上的集体爆发”②。为了满足无限膨胀的私欲，人类已经突破了所有自然的清规戒律和社会的道德底线，意识对压抑的反抗几乎达到极致，其结果却是给自我心灵带来了更大的不安全感和焦虑。

荣格对现代人种种精神现象的分析都表明，他对人类灵魂的理解更接近人类精神与自然和宇宙之间的内在联系，这既是对弗洛伊德的超越，更是对人类个体中心主义心理的超越。作家对人类精神的描绘就像是个体对集体精神的显现那样，如诺依曼所说：“个体（及他的命运）是集体的原型；他是蒸馏出集体的毒药和解毒药的蒸馏缸……集体的未来生存于个体的现在之中。”③个体的焦虑反映了集体的需求，它产生于人类集体灵魂深处，它蕴含着最古老、最原始、最质朴的情感，同时也包容了恐惧、焦虑、偏执等压抑着的情绪。当浮士德的意象被歌德描绘成不同于过去所有时代以及神话传说中的形象的时候，它却象征了一个新时代的人类精神及其未来。个人的悲剧象征人类集体的悲剧。个体经验几乎丧失了它的全部能力，人们只能看到伟大自然和它无尽的包容力。

在《转化的象征》一书“瑞士第四版序”中，荣格指明弗洛伊德心理学在观念上的根本问题：“弗洛伊德的《一个幻觉的未来》（*The Future of an Illusion*）虽是其晚期著作，却极好地展现出他早年的观念，一直跳不出陈旧的 19 世纪晚期的理性主义和科学唯物主义巢窠。”④换句话说，弗洛伊德与荣格的差异体现了现代与后现代的分野。威尔伯（Kenneth Earl Wilber）认为“弗洛伊德是一个还原主义者，而荣格是一个提升主义者——他们就是前理性/超理性谬误的两个代表。关键是他们都是

① 〔德〕诺伊曼：《深度心理学与新道德》，高宪田、黄水乞译，北京，东方出版社，1998 年，第 1 版，第 1～2 页。

② 同上书，第 2 页。

③ 同上书，第 6～7 页。

④ 〔瑞士〕荣格：《转化的象征——精神分裂症的前兆分析》，孙立明、石小竹译，第 3 页。

半对半错"[①]。在他看来，荣格与弗洛伊德所走的路正好相反，弗洛伊德代表了"提升主义"[②]——一切反理性的都是谬误，荣格则代表了"还原主义"[③]——对一切非理性不加区别地赞美。他虽然对两者均有一定的反思，但是他的观点却恰好说明荣格对非理性精神的推崇和赞誉，在精神生态的角度来看，这也正是荣格超越弗洛伊德之处。因此，荣格对弗洛伊德的超越实质上反映了人类对自我精神的超越，既是对人类向自然精神的回归，同时也是对人类自我中心思想下机械决定论、理性主义等问题的反思。

在《弗洛伊德和荣格：比较》一文中，荣格将他的观念同弗洛伊德理论之间差别归纳为三个方面，即是否承认心理学的主观性色彩（荣格偏向于客观性）、是否将性作为一切心理动因的根本以及心理学与宗教的关系问题（荣格倾向于承认宗教同心理学的密切关系），其中，第二个方面是荣格和弗洛伊德之间最重要也是最具实质意义的差别。荣格认为："弗洛伊德开始就把性作为唯一的心灵驱动力，只是在我同他决裂之后，他才把其他因素考虑在内……我要做的，就是给性这个泛滥成灾并损害所有有关心灵的讨论的术语划定界限，并把它放置到合适的地方。"[④]

总之，荣格在集体无意识层面完成了对弗洛伊德的超越。荣格在其《分析心理学与世界观》一文中指出："弗洛伊德的精神分析学说本质上是一种技术，这种技术将已成为无意识的所谓被压抑内容带回到意识中。这种技术是一种用来治疗神经症的方法。"[⑤]同弗洛伊德相比，荣格的精神分析理论试图从个体潜意识的狭窄治疗模式中走出来，在集体无意识广袤领域寻求人类灵魂的真正归宿。在荣格看来，整个世界的处在某种精神病症的笼罩之下，无论是历史问题、社会问题还是现代人的精神问题，都可以在集体无意识的基础上对其成因进行研究、并找出治疗的方法。

---

① 〔美〕肯·威尔伯：《性、生态、灵性》，李明等译，北京，中国人民大学出版社，2009 年，第 1 版，第 211 页。

② 同上。

③ 同上。

④ 〔瑞士〕荣格：《弗洛伊德与精神分析》，谢晓健等译，北京，国际文化出版公司，2011 年，第 1 版，第 272 页。

⑤ 〔瑞士〕荣格：《心理结构与心理动力学》，关群德译，第 249 页。

第二章 人在自然中的地位

人在自然中的地位以及人类精神与自然的关系问题是荣格心理学体系的重要问题，也是其生态思想的核心。在荣格眼中，现代人的精神病症主要源于自我中心主义观念。荣格认为，人类对自身在宇宙中的地位以及自我同自然之间的关系存在着认识上的偏差，这是导致现代人心理失衡、最终造成现代人种种精神病症的根本原因，荣格生态观的基本内涵亦由此展开。

第一节 现代人的心理危机

一、人类中心主义

德日进(Teilhard de Chardin)在他的《人的现象》一文中对现代文明下的人类中心主义思潮作了非常精妙的阐释："人并不像从前人天真地想象自己是宇宙的中心。比这个更为奇妙，人是生物界大综合的上升之箭。只有人是最后生成的、最新鲜的、最复杂的，也是生命各层面最细致的一面。"①与之相似，布克哈特(Jacob Christoph Burckhardt)也对此进行批评："今天的个人完全是自我中心，他只想作为个人活着，只要求共同体尽一切可能确保自己的人身和财产安全……"②他们的见解反映了自达尔文进化论产生以来、人类在哲学层面上对自我中心观的调整，只是事与愿违，诸如社会达尔文主义等被曲解的进化论反而导致极端自我观念的产生。

对此，荣格以他最擅长的讲故事的方式和辛辣的讽刺，批评了现代人可笑的自我中心观，他将其视作人类集体的精神疾病。荣格对造成现代人精

---

① 〔法〕德日进：《人的现象》，李弘祺译，北京，新星出版社，2006年，第1版，第153页。

② 〔瑞士〕布克哈特：《历史讲稿》，刘北成、刘研译，北京，生活·读书·新知三联书店，2009年，第1版，第6页。

神病症的原因做出了深入的剖析，他的观点同生态主义者和环境批评家的观点非常相似。他从心理学的角度解释了现代人自我中心主义产生的原因，为生态主义者解决当代生态问题提供了理论支持。可以说，荣格是从心理学的角度为生态理论提供了“合法性”证据。

相比生态主义者（如“盖亚假说”[①]）和现代批评家（如查尔斯·泰勒提出的“三个忧患”[②]）对人类自我中心观的批判而言，荣格的观点则更具心理学特质，他认为自我中心主义之所以能够在现代人的心灵中扎根，并深刻影响现代人的精神生活的根本原因在于现代人基本上生活在一种无意识的状态：他们过着一种精神空虚、“随波逐流”的生活，他们忘记历史，无视宇宙和自然界的其他生物，目空一切。相比原始人来说，现代人虽然在形体和容貌上略有变化，然而灵魂深处依然闪烁着原始人类的记忆。现代人似乎一直妄图躲避集体无意识的控制，尤其是希望摆脱自然在人类潜意识深处留下的烙印。

荣格甚至对“现代人”一词本身就持有怀疑的态度[③]，在他看来，披上现代衣着和面具的人并非就是真正意义上的现代人，因为他们的心灵同原始时期人类先民并未有根本差别。在集体无意识层面上来说，现代人对自然和宇宙的理解仍旧处在原始状态，但是，现代人对自然持有的态度甚至还远不及原始人来的虔诚，膨胀的欲望和强烈的自我中心主义思想已经让现代人的意识走向更大的偏执。照罗洛·梅(Rollo May)的观点来看，“20 世纪中期人们的主要问题是空虚”[④]，而焦虑则“是现代人的另一个特征，它甚至比空虚和孤独更为根本”[⑤]，无论是焦虑还是空虚，都反映出现代人的精神

---

① 著名的“盖亚假说”(Gaia hypothesis)是对人类中心主义的挑战，作为当代生态思想分支的大地伦理学认为，地球是一个活着的有机体，并拥有内在的精神和智慧。生态学者提出这一观念的目的就在于消除人类思想中的自我中心观。还有如生态伦理学学者们所提出的各种生态主张，很多都是起因于他们对人类自我中心主义的质疑和批判。

② 参见〔加〕查尔斯·泰勒：《现代性之隐忧》，程炼译，北京，中央编出版社，2001 年，第 1 版，第 2～14 页。查尔斯·泰勒(Charles Taylor)将现代性问题归结为三个忧患，即个人主义、工具主义理性以及政治问题，并认为个人主义是现代性的最大隐患。它造成诸多的社会心理问题，如“放任社会”、“我这一代”、“孤赏自恋”以及“生活的平庸化、狭隘化”、“变态的、可悲的自我专注”等等，这些全都是现代性给人类精神带来的恶果。

③ 〔瑞士〕荣格：《现代灵魂的自我拯救》，黄奇铭译，第 294 页。荣格认为：“我们所谓的现代人，一位感知最现代的人，当然并非人人皆是。相反地，他是一位伫立在高岗上，或站在世界最边缘的人，他眼前是茫茫一片未来的深远，头顶上是苍穹，脚底下是其历史已笼罩着一层原始雾的全体人类。现代人——或且让我们再重复‘最现代的人’一句话吧——可以说是寥寥无几，千载难逢的。很少人有资格被冠上此一头衔，因为这种人应该是觉醒程度最高的人。”

④ 〔美〕罗洛·梅：《人的自我寻求》，郭本禹、方红译，北京，中国人民大学出版社，2008 年，第 1 版，第 3 页。

⑤ 同上书，第 19 页。

已经走向偏执。

荣格要做的不仅仅是破除现代人对待整个自然和生态系统的基本态度，如环境史学家所做的那样，让人们意识到“人类是自然的一部分，他们依赖于生态系统，并且不能完全操纵自己的命运”①；而且要在集体潜意识的层面上修正自我中心主义在精神上给人类带来的偏执。他希望人类像苏格拉底那样，承认自己的无知，去向往一种全新的、接近于宇宙和自然整体的智慧，而非囿于个体灵魂的狭小范畴、自以为是的人类智慧。

对于荣格而言，现代人虽然已经在科学和理性的帮助下，做出了前无古人的伟大成就，但是，他们却并未能在心灵深处改变潜意识中对自然的偏执和恐惧，相反，在科学精神的鼓舞下，意识推动人类更快的滑向自私自利的深渊。人类对自然的认识并未跳出自我中心主义的范畴，自然万物不为人类所生、他们有其自身存在的目的，此类观点看似合理，却依旧令人无法理解，提出这些观点的人依旧像千年前的智者们所遭受到待遇那样，成为嘲弄的对象。

疗救现代人类的精神危机，成为一种极富冒险精神的探索，这不仅仅是为了解决某一个人的精神病症，它还意味着对全人类灵魂的改造。在荣格看来，现代人对祖先历史的拒斥，是自我中心主义的又一种表现。在潜意识当中，现代人不仅对整个自然抱有某种强烈的排斥感，而且对自身在原始时期受到的所谓自然压抑以及对自然的原始恐惧等，都怀有强烈的反抗心理。但是，人类的原始恐惧多半来自于幻想和梦境，就像人类对自身在整个生态系统中的定位那样，是建立在一种幻觉的基础上，自以为是怀有类似的观点，即认为人类是宇宙的中心，人类的智慧是自然界一切智慧之首，等等，这些幻觉所造成的直接后果便是人类迈向精神崩溃的边缘。

荣格悲观地描述现代人的心理失衡：“现代人已经失去其中古时代兄弟们所有的心理信心，现代人的信心都已为物质安全、幸福及高尚等理想所代替……现代人已开始发觉，在物质上的每一次‘进步’阶段，总是为另一次更惊人的浩劫带来更大的威胁。”②当物质的进步无法带来精神上的宽慰和舒解的时候，种种精神病症就会滋生出来。在荣格的治疗室里，那些大腹便便的贵族是如何倾诉自己内心的焦虑及其精神生活的空乏，他们的个人经验只不过是数以万计的人类集体经验的象征，在空虚灵魂的背后是人类集体

① 〔美〕唐纳德·休斯：《什么是环境史》，梅雪芹译，北京，北京大学出版社，2008年，第1版，第3页。

② 〔瑞士〕荣格：《现代灵魂的自我拯救》，黄奇铭译，第305页。

无意识深处潜藏着的更大的危机——控制自然的兴奋感一瞬间就被空虚、焦虑和绝望所取代，人类再次陷入西西弗斯式的无限循环的悲剧之中。

自我中心主义可以说是人类对自身精神生活的一种心理慰藉，但它却反映了意识对潜意识在理解上的偏差。它甚至超出理智所能控制的范畴。实际上，科学并没有直接诱导人类走向极端自我中心主义，造成人类走向偏执的原因在于潜意识层面。正如荣格对集体记忆的理解那样，人们虽然在理智和意识的层面上消除了原始时期对自然的误解，却并没有在潜意识的层面上完成整个自然和宇宙精神的回归。人们虽然强大到足以同自然界的一切灾难相抗衡，但是他们距离终极幸福却越来越远，人类精神对自然精神的反抗超出了应有的范围，自然被当作是敌人而非人类灵魂的组成部分。

从精神分析的角度来看，自我中心主义观念实际上就是人类精神病症的一个最为显著的特征，它凝聚了人类在潜意识深处对宇宙和自然的所有消极的情感，以及作为高度智慧生物的所有膨胀的欲望。自我中心主义还是潜意识的表象，它象征了人类对自然精神感知的一个重要方面。而且，自我中心主义并非现代人所独有的精神品格，它还存在于原始人的心灵当中，只不过现代人的精神生活受到这一观念的影响远远胜过古代人。正如康德(Immanuel Kant)在他的《实用人类学》中早就对个人主义及其历史所做的简明扼要概括："人从开始用'我'来说话的那一天起，只要有可能，他就表现出他心爱的自我，并且毫无止境地推行个人主义，即使不是公开的(因为那会与别人的个人主义相冲突)也是隐蔽的，要用表面的自我否定和假谦虚在别人眼里更可靠地为自己产生一种优越的价值。"①

荣格在揭示现代人精神病症的同时，还不忘借助东方智慧来抨击所谓的西方文明，因为在他看来，自我中心主义不仅决定了人类对自然界其他动物的态度，同时还影响了他们对同类的看法。就像欧洲人很难理解古老的东方文明，以及美洲印第安人对欧洲人的精神生活持有怀疑那样，自我中心主义阻断了人与人之间的理解和交流，尤其是在精神上交融。事实上，荣格对东方文明的赞誉，同他认为原始人的心灵能够更好地理解自然精神的观点是分不开的，在荣格眼中，西方现代文明下的人类心灵或许是离开自然精神最为遥远的精神存在。这也解释了在近代西方，许多优秀的文学和艺术家之所以极度反感他们所处文明的原因。当梭罗毅然离开荒诞的现代文明走向荒野的时候，他的内心深处必定闪烁着原始记忆的光辉，人类的祖先一定无法理解他们的后代缘何会走向此种精神状况：潜藏在人类内心深处的

① 〔德〕康德：《实用人类学》，邓晓芒译，上海，上海人民出版社，2005年，第1版，第5页。

对自然的敬畏，已经在恐惧、贪婪以及自我中心主义的推动下走向偏执，甚至到了敌视整个自然的地步。随着人类文明在现代性的“统治”下艰难前行，梭罗的行动和思想也被越来越多的人所接受——“梭罗说过，电报使相关的东西变得无关……电报可能已经使这个国家成为‘一个社区’，但这个社区却是奇怪的，因为这里住着一群彼此之间除了了解一些最表面的情况外几乎一无所知的陌生人”[①]。造成这一现状的原因就在于人类中心主义阻断了人与人之间精神和心灵的交流。

人类中心主义病态心理对人类文明未来的影响被波兹曼(Neil Postman)形象地描绘成“人们将毁于我们热爱的东西”[②]。他列举了颇具讽刺以为的例子来证明在现代性的带领下人类所走的荒诞之路：“在芒福德的著作《技艺与文明》中，他向我们展示了从14世纪开始，钟表是怎样使人变成遵守时间的人、节约时间的人和现在被拘役于时间的人，在这个过程中，我们学会了漠视日出和季节更替，因为在一个由分秒组成的世界里，大自然的权威已经被取代了。”[③]荣格揭示的人类精神危机已经过去了一百年，同一百年后当代人所面临的精神问题相比，荣格所处的时代及其遭遇的精神危机最多只能算是处于人类精神病症的初期。在日益严重的生态危机之下，人类社会的精神恐慌百倍于荣格的时代，当代人的精神生活在以更快的速度走向自我崩溃。文学和艺术被更加边缘化，精神日渐空虚，每日吸食快餐文化的人类肉体几近于空壳，物质享乐和肉体欢娱让人类成为自然界中唯一的蛀虫。由于科技的发达，意识可以完全无视潜意识中保留的原始记忆中对自然的敬畏和虔诚。正如荣格所说，现代人是一群无根的人类。失根的状态在精神层面显得尤为严重，文学和艺术的没落正是它最为突出的表现。或许有一天，人类能够在精神上真正认同这样的观点：“被视为造物主杰作和万物之灵并在动物界占有特殊位置的人类，并非动物界以外之物，不过是猿的同类。”[④]而不仅仅停留在人类学教科书的层面上。

总之，荣格对人类自我中心主义的批判，最终回到现代人的精神病症等问题上。现代人对自然精神有意识地排斥反映了意识对潜意识深处原始记忆的偏见。在科学和理性高度发达的今天，现代人从内心深处希望摆脱祖先在自然界中所遭受的痛苦以及此种经历在人类灵魂中留下的恐惧烙印，

---

① 〔美〕波兹曼：《娱乐至死》，章艳译，桂林，广西师范大学出版社，2004年，第1版，第90页。

② 同上书，第2页。

③ 同上书，第14页。

④ 〔日〕石田英一郎、泉靖一、曾野寿彦、寺田和夫：《人类学》，金少萍译，北京，民族出版社，2008年，第1版，第1页。

但是，自然给人类带来的恩惠以及人类所应持有的感激和敬畏的态度也一并被摈弃了。偏执让人类心灵找不到可以依托的归宿，膨胀的自我中心主义让人的精神走向自我毁灭。对此，荣格希望借助文学和艺术作品，在人类集体无意识中寻找到人类精神的原初和归宿，从而疗救人类的精神病症，他希望建立一种新的世界观："要摆脱生态危机和文化冲突，就需要培养起另一种观看世界的方式，一种非对象化的方式，一种内外交织、寓居的观看方式。"①

二、集体恐惧心理

人类集体对自然的心态可以从两个方面来看，一是对自然的热爱和信奉，另一个则是对自然的恐惧。在第一个方面，人类与自然之间的亲和主要源于自然为人类提供了生活所必需的资源，其次，自然审美也是构成人类亲和自然的一个重要原因，18 世纪以来，描绘自然美景的文学作品的出现在一定程度上推动了生态运动的发展，在生态文学和环境美学的诞生之后，自然审美亦成为联系人类与自然关系的重要纽带。

在另一个方面来说，人类对自然的恐惧心理是分析心理学的研究重点。对自然的恐惧心理深藏于人类集体潜意识当中，其内容和成因都要比第一个方面更为复杂。卡洪（Lawrence E. Cahoone）在他的《现代性的困境》一书中曾站在现代文明的角度对文化这一概念进行如下解释：

> 文化不是精神性活动。它既是心灵的又是物理的，它总是用意义和价值来阐释或创造物理存在者。它是自然生物在自然的世界中的活动，这种生物的本性是文化的，自然的人类个体的完整性是以它和自然的、文化的产品互相介入以及创造和阐释这些产品的共同体为前提的，自然的物变成了产品，或者经由文化而被阐释，这也和与文化共同体的各种关系相互牵连，受这些关系的影响，并由这些关系所构成。②

文化的内在关系及其复杂性解释了现代文明之下人类对自然的最基本的态度：希望将自然和宇宙万物融入人类所能控制的文化进程之中。造成这种认识偏差的心理基础是人类对自然的恐惧——集体无意识层面上的自

---

① 彭锋：《回归——当代美学的 11 个问题》，北京，北京大学出版社，2009 年，第 1 版，第 247 页。

② 〔美〕卡洪：《现代性的困境——哲学、文化和反文化》，王志宏译，北京，商务印书馆，2008 年，第 1 版，第 412 页。

然恐惧心理。一个非常生动的例子可以证明，人类对自然的原始恐惧是如何长期占据人类心灵的。布尔斯廷(Daniel J. Boorstin)在他的《发现者》中是这样记录欧洲人初次攀登并歌颂山峦的：

> 格斯纳找到了一个比较典型的瑞士式探索大自然的方法，他宣扬攀登高山去探险，前文提到，高山向来是引起畏惧和恐怖的场所。在文艺复兴时期，欧洲一度闪现出短暂的登山探险精神，尽管出现得过早。彼特拉克(1304～1374)开风气之先，在1336年登阿维尼翁附近的旺图山，在峰巅取出随身携带的一本圣奥古斯丁的《忏悔录》，朗诵其中一段，提醒人们可能“仰慕高山大海和天空中日月星辰之流转……而忘记自身”。兼具画家与博物学家慧眼的列奥纳多·达·芬奇于1511年登上博山探险。瑞士人文主义者阿希姆·瓦狄亚努斯(1484～1551)于1518年登上卢塞恩附近的格内普施坦因峰。他是路德的朋友，茨温利的拥护者。
>
> 但是，格斯纳是第一个出书讴歌登山的欧洲人。他在1555年登上卢塞恩附近的皮拉图斯山后，撰写了一篇精彩的短文：
>
> 若要扩展视野，只消环顾四周，极目远眺。不乏美景危岩，令人有置身云端之感。若要收缩视野，则有草地树木，郁郁葱葱，乃至进入其间；若要再缩小，则可观察朦胧的山谷、树荫下的岩石和幽深的山洞。……在如此狭小的方圆之内，景色变化万千者诚莫过于群山。在山上一日之间可以观看和经历一年四季、春夏秋冬。此外，从群山间的峰峦之巅，穹苍坦荡，任人观赏，星辰起落，一览无遗，只觉日落更晚，日出更早。
>
> 原始恐惧极难克服，直至格斯纳登高以后二百年之久，才真正开始有现代登山运动。除高加索山脉以外欧洲最高的勃朗峰(15117英尺)直到1786年才有人攀登，此人是想获得二十五年前一位贵族出身的瑞士地质学家奥拉斯-贝内迪克特·索绪尔(1740～1799)所设奖金而去的。①

从这则材料来看，人类对自然美的欣赏产生于比较晚近的时期(至少在西方的情况如此)，而对自然的恐惧却占据了人类历史的绝大部分(其中必定还包括漫长的、未有书面记录的史前史)。

---

① 〔美〕丹尼尔·J.布尔斯廷：《发现者——人类探索世界和自我的历史》，吕佩英等译，上海，上海译文出版社，2014年，第1版，第491～492页。

对此，生态主义者习惯于用“敬畏”一词来规训人类对自然的态度，但是敬畏本身含有双层意义，即敬重和畏惧。埋藏于这两层涵义之下的，则是更为深层的恐惧意识。马丁·约翰逊(Martin Johnson)在其《艺术与科学思维》一书中，专门探讨了埋藏于人类心灵深处的无意识恐惧。他借助弗洛伊德的个体无意识理论来阐述存在于艺术家个体心灵当中对自然的无意识恐惧心理。他以达·芬奇(Leonardo Di Serpiero Da Vinci)为例阐述了这种潜意识状态，他认为人类个体对自然的恐惧来源于自然对其精神的压抑①。不过，在约翰逊看来，在诗人或其他自然观察者眼中，自然力量带给人类精神的是一种无法排解的压抑，人们与自然的关系似乎是永远无法调和。只有达·芬奇却能够将这种压抑转化为一种内在的愉悦。对此，他引用达·芬奇的一段非常经典的故事作为例证：

> 从达·芬奇的一部手稿中，我们就会看到这种非常平凡的例证。他在一座荒山的洞穴中寻找着史前的化石时，记录下这样的感想，“在那里，我有两种感觉，恐惧和欲望。对黑暗和可怕的大山洞感到恐惧，但又非常想要看到是不是能在其中发现任何奇迹的东西”。积极的探索使这种恐惧消失的无影无踪了，他继续研究着他的发现，最后他为他发现的那些化石所表现出的自然法规而惊叹。②

根据心理学理论来看，约翰逊站在个体无意识角度来分析达·芬奇对自然的种种情愫。从浅层来看，达·芬奇沉醉于自然美之中，并对自然的美表达出敬畏和惊叹；从深层心理来看，潜藏于这种审美状态之下的正是集体无意识心理。但是，约翰逊过高地评价了达·芬奇及其艺术本能，达·芬奇对于自然的双重心理体现了人类对自然的最基本的心态——恐惧和猎奇。在探险过程中，达·芬奇的感想只不过是人类集体潜意识的外在表征而已。约翰逊对达·芬奇的研究实质上已经超越了弗洛伊德的个体潜意识范畴，准确地说，达·芬奇对自然的恐惧不仅仅属于其个人的潜意识，它反映的是人类整体的心态，即集体潜意识。

与此相类似，海德格尔(Martin Heidegger)对荷尔德林(Johann Christian Friedrich Hölderlin)诗歌评述也体现了自然对人类群体心理的影响。

---

① 〔英〕马丁·约翰逊：《艺术与科学思维》，傅尚逵、刘子文译，北京，工人出版社，1988年，第1版，第208页。

② 同上书，第209页。

海德格尔对荷尔德林"诗意栖居"观点的论述体现在他的两篇演讲当中，即《"……人诗意地栖居……"》以及《筑·居·思》。在这篇演讲中，荷尔德林诗歌精神闪现出深邃的思想，它与海德格尔后现代哲学理论不谋而合。海德格尔对荷尔德林诗歌的评论，实质上是借助后者的文学精神对逻格斯中心主义传统哲学观进行批判，这也是海德格尔作为后现代哲学家的最初动机。但是，对传统哲学的批判并不代表这两篇演讲的全部价值。

在《"……人诗意地栖居……"》一文中，海德格尔在演讲中提到了"尺度"的问题，他是从对人的本质问题的探讨中引发出这一问题的："人就他所归属的那个纬度来测度他的本质。这种测度把栖居带入其轮廓中。对纬度的测度是人的栖居赖以持续的保证要素……但人之栖居基于诗意。荷尔德林在人之本质的测度借以实现的'采取尺度'总看到了'诗意'的本质……荷尔德林首先真正追问的只是尺度。此尺度乃是人借以度量自身的这种神性。"①一方面，这让人想起"人是万物的尺度"这样的哲学命题；另一方面，它也让人想到解构主义者们关注的问题——本质问题。海德格尔借助荷尔德林的诗歌将这两个方面统一于他对诗歌的后现代式的理解之上。虽然他的初衷并非如建设性生态后现代主义那样，建构一种具有后现代独特模式的对文学的新理解，但是他对"人的诗意栖居"的理解，却是具有生态意义的。

从心理学的角度来看，人的诗意栖居精神似乎消除了人类对自然的恐惧，以海德格尔为代表的后现代哲学家同诗人一起，希望能够实现人类诗意的栖居于地球上的愿望。他们相信，人类群体的本性并非是文化，而是自然。这种愿望是对人类潜意识深处对自然的恐惧心理的尝试性解构。但是，在深层心理意义上来看，诗意栖居的愿望也是对自然恐惧某种妥协。在诗人眼里，自然并非完全是恐怖、可怕的。从这个角度来说，诗人所秉承的精神也是对人类集体无意识心理的一种超越。但是这种超越仅限于少数诗人个体，他们并不能带领人类整体摆脱集体无意识的恐惧。尤其是随着现代社会文学被边缘化，诗歌等文学艺术所承载的精神空间更加局限。

在《筑·居·思》中，海德格尔详尽阐述了"栖居"的涵义及其精神意义，这也是对以上问题的解构式回应。对于海德格尔来说，"栖居"与居住并非

① 〔德〕马丁·海德格尔：《演讲与论文集》，孙周兴译，北京，生活·读书·新知三联书店，2005年，第1版，第205～206页。

在同一个层次之上。他所说的“栖居”是指一种存在方式:“栖居乃是终有一死的人在大地上存在的方式。”[①]同栖居的其他涵义相比,这是最为核心的一点。显然,后现代的存在方式同传统的存在方式相比有着根本的区别。由现代科技所建造出来的人类的住所,并非海德格尔所说的诗意的栖居,甚至连栖居都难以达到。海德格尔对现代性的批判,建立在一种诗意的精神之上,它能够让人暂时忘记对自然的恐惧:

> 人们试图通过筹措住房、促进住房建设、规划整个建筑业,来排除这种困难。不论住房短缺多么艰难恶劣,多么棘手逼人,栖居的真正困境不仅仅在于房屋匮乏。真正的栖居困境甚至比世界战争和毁灭事件更古老。真正的栖居困境乃在于:终有一死的人总是重新去寻求栖居的本质,他们首先必须学会栖居。倘若人的无家可归状态就在于人还根本没有把真正得栖居困境当作这种困境来思考。[②]

就像所有的解构主义哲学家和思想家那样,海德格尔一针见血地指出了现代性给人类带来的困境,并且希望借助新的哲学思想来改变这种困境。但是,他却并没有提出人类应当如何栖居于这个世界之上,如何摆脱内心深处对自然的原始的恐惧。很明显,栖居只是一种象征,居住问题本身仅仅代表了人类存在于自然生态之中诸多复杂的生存问题之一。这些问题对于现代性来说,更像是一条未完成的道路,但是,对于后现代主义及其追求者来说,这却是一种机遇,一种可以借此改变人类命运的机遇。甚至有可能从根本上、从人类集体心灵深处改变对自然的恐惧。

栖居代表了一种存在方式,一种后现代式的存在方式。这种存在方式让人类第一次在心灵深处忘记对自然的恐惧。诗意的栖居则象征着后现代主义对未来的期望。如此来看,所谓栖居,更像是一种借助文学式的浪漫主义的诗意情感来消除人类无意识心理中的恐惧的存在方式。它的意义也不仅仅局限于海德格尔思想的初衷——对现代性的解构,它更是一种超越。文学的诗意的栖居,正是医治人类对自然的集体无意识恐惧心理的良药,同时,它也是为了保持人类灵魂中恐惧与焦虑的平衡。

在文学艺术的审美方面,关于人类精神对自然的偏执与恐惧,还可以在科林伍德(Robin George Collingwood)的著作里找到一些例证。他在《艺术

---

① 〔德〕马丁·海德格尔:《演讲与论文集》,孙周兴译,第156页。

② 同上书,第170页。

哲学新论》中做了如下论述："……只有服从自然才能征服自然。工厂的烟囱、水坝、巨轮的设计是如此令人满意地适应于它们企图抵抗的自然力量，以至于它们给人的视觉提供了这些力量的可见图形。"①人类对自然美的欣赏，似乎一直就带有功利目的，尽管柯林伍德一再声称，人们离开工业化的城市走向乡村的行为，是完全建立在对自然的纯粹审美之上的，但是这只不过是审美哲学家的一厢情愿，事实上，都市人对自然美的追求并非完全是纯粹精神意义上的，相反，其中带有更多功利目的，或是为了炫耀自身的财富，或者是对现代都市空虚精神生活的逃避，其心理根源并没有超越人类集体无意识深处对自然的恐惧。同样，现代社会人类欲望的种种表象之下隐藏着原始时期人类对强大自然力量的空间和人类为了摆脱自然控制所形成的心理状态。

无论是现代性对自身成就的沉醉，还是征服自然的假象在精神上对现代主义者的鼓舞，都源自人类对自然的原始恐惧。正因如此，后现代派艺术家才会如此鄙夷"征服自然"的荒诞理想。贡巴尼翁（Antoine Compagnon）在他的《现代性的五个悖论》中就引用布勒东（André Breton）的话："布勒东在1922年写道：'就我而言，对塞尚，我是绝对不屑一顾的，尽管他有不少吹捧者，但我始终认为人类的态度和艺术的野心是愚蠢的。'"②对于后现代派来说，人类对自然的征服以及创造出能够超越自然美的艺术等等想法都是愚蠢的。正如马尔库塞（Herbert Marcuse）所说，艺术是作用于人类心灵的——艺术不是一种用于人的日常活动范围的使用价值。它的功用性是某种超越形态的功用性，即有用于灵魂或心灵。③

三、偏执的宇宙观

在福柯看来，古典时期的癫狂病被普遍认为是失去理性、疯狂、丧失人性的精神病症，它甚至是展览和被观赏的对象，被赋予某种扭曲的审美味。④ 癫狂病患者的境域并不比现代动物园中的动物好多少，不仅在古典时期，即使在现代疯人院里亦是如此。他们之所以没有当作人而是兽来看

① 〔英〕罗宾·乔治·柯林伍德：《艺术哲学新论》，卢晓华译，北京，工人出版社，1988年，第1版，第61页。

② 〔法〕安托瓦纳·贡巴尼翁：《现代性的五个悖论》，许钧译，北京，商务印书馆，2005年，第1版，第64页。

③ 参见〔美〕马尔库塞：《现代文明与人的困境——马尔库塞文集》，李小兵等译，北京，生活·读书·新知三联书店，1989年，第1版，第369页。

④ 参见〔法〕米歇尔·福柯：《癫狂与文明——理性时代的精神病症》，孙淑强、金筑云译，杭州，浙江人民出版社，1991年，第1版，第59～61页。

待，其原因在于他们是非理性的。正如福柯所揭示的那样："这种不人道的冷漠态度实际上具有一种吸引人的价值：它源自古老的恐惧感。这种恐惧感自古以来，尤其自中世纪以来已赋予动物世界其易于驯服的奇异性质、令人惊愕的威胁性及沉默的焦虑所造成的沉重精神负担。"①并且"人类的兽性作为一种超然的表现已无任何意义"②。这表明，至少从古典时期开始理性就已经成为判别人类与非人类生物之间最根本的区别，失去理性的人只能得到动物的待遇。

非理性逐渐被排斥的过程，同理性逐渐取代宗教以及非科学、非理性意识的过程是一致的。虽然癫狂所代表的非理性因素，对于人类理性来说是不可容忍的，但是它对于人类的身体来说，却具有"神奇"的保护作用。在《癫狂与文明》中，福柯引用大量例证来证明非理性能够带给人类身体惊人的素质：某些男性或女性的癫狂者在忍受最严酷和最长久的寒冷时所表现出来的十分顽强和安之若素的精神。③ 癫狂病患者不仅能够抵御严酷的自然灾害，甚至能够躲避疾病的困扰，这些现象对于拥有科学精神和理性思辨能力的人来说，是不可思议的。理性选择了排斥和隔离，将这种行为视作与动物是别无二致的。非理性、癫狂也被当作非人类生物所具备的要素，正像动物一样，它们冬天不需要借助额外的棉衣御寒，生病只需要依靠天然的抵抗力便可以存活。在这个层次上，非理性与非人类生物成为具有同类意义的名词。从这个时候起，人们只相信理性与科学所能解释的现象。人类对于自然以及整个生态的看法都逐步被科学和理性所占据，这也成为人类走向科学与理性偏执的开始。"癫狂只是以回归到野兽和万事万物的荒漠世界以及回归到带桎梏的自由来威胁当代人类……癫狂并没有解释自然现象的作用过程，而是暴露了以动物性的妖魔形式肆虐的自由。"④癫狂或者说非理性更多地被视作是动物性的本能冲动，被这种冲动所控制的人只能被视作与非人类生物同等的级别，而非进化后的人类。这种观念的转变，也预示了人类心理结构的变化。

理性与非理性的背道而驰已经成为人类远离自然甚至与自然对立的先决条件；与此相应，在理性眼里，非理性的癫狂却是背离自然的"异端"。在理性至上的时代，此种态度更加明显。人类妄图用暴力方式彻底征服非理

① 〔法〕米歇尔·福柯：《癫狂与文明——理性时代的精神病症》，孙淑强、金筑云译，第 66 页。

② 同上。

③ 同上书，第 67 页。

④ 同上书，第 75 页。

性存在（其中包括动物性的本能以及人类的癫狂）。一方面，非人类生物受到绝对的控制，完全按照人类的理性需要生长；另一方面，癫狂与非理性被强迫朝向理性发展，“基督教的非理性已被基督教徒自己驱赶到某种理性的边缘”①，并且，“后者已等同于上帝化身的智慧”②。人类终于将上帝拉下神坛，并借助科学和理性的力量使自身成为新的神，却未能料想，人类对理性和科学的过度崇拜并不亚于数百年以前基督徒对于上帝的崇拜，更为糟糕的是，掌握科技后的人可以根据自己的意志改变自然界的一切，不计后果地从自然中索取所需要的一切。人类越来越相信科技与理性所带来的一切利好，却完全忽视对于整个自然的破坏，并最终威胁到自身的存在。尼采(Friedrich Wilhelm Nietzsche)在他的《不合时宜的沉思》中是如此描述“施特劳斯—达尔文”道德学说的：“因为按照达尔文的说法，人毕竟完全是一个自然生物，而且按照完全不同的规律一直发展到人的高度，恰恰是因为他在每一时刻都忘记其他同类的生物有相同的权利，恰恰是因为他在这时感觉到自己是更强大者，逐渐地造成其他蜕化得更弱的标本的衰落。”③根据尼采描述，早在生物进化理论体系中，达尔文就已经认清人类进化与发展所带来的负面效应。某一种生物的过度强大，正是造成其他物种逐渐衰落的原因之一，而且更重要的是，人类作为无天敌的生物，科技的逐渐强大，让人类成为主宰世界的唯一生物。对于整个自然来说，人类的破坏性行为就等于整个生态消亡的开始。

远离癫狂，人类终于不用再担心遭受来自自然的非理性与神秘莫测力量的损害，就像从妄想与梦幻中醒来，无数思想家与哲学家高歌理性的力量，人类义无反顾地跟随科学与理性的步伐前进。进入“人类纪”，人们已经可以凭借自己的力量，深刻改变世界的面貌。然而本性的贪婪和对发展与进步的疯狂追求，使得自然的破坏也越来越严重。人类从理性的边缘再次滑落到癫狂之中，理性与癫狂在破坏的层面上交汇，破坏的两端维系着高度的理性与不可救药的癫狂。只有在自然被严重破坏且濒临毁灭的时刻，癫狂才会得到应有的尊重：

> 尊重癫狂不是将它解释成为非出于自愿的、不可避免的疾病事故，

---

① 〔法〕米歇尔·福柯：《癫狂与文明——理性时代的精神病症》，孙淑强、金筑云译，第71页。

② 同上。

③ 〔德〕尼采：《不合时宜的沉思》，李秋零译，上海，华东师范大学出版社，2007年，第1版，第79页。

> 而是承认这种较低极限的人类真实性。这种极限不是偶然性的，而是带根本性的。正如死亡是人类在时间范畴里的极限那样，癫狂乃是人类生命在动物性范畴内的极限，而且正如死亡因基督的牺牲而被视为神圣那样，癫狂也以其最富兽性的本性而被奉若神明。①

癫狂在最初的年代受到尊重，更多是因为它所具有的人性以及人类与动物在某种程度上的契合性，这也是人类与自然相处的完美形式之一。而理性所追求的人类的终极幸福也是与自然的完美结合。因此，在这一点上理性与非理性、人类与非人类生物是有可能和谐相处的，其最终的结果也并非是毫无希望的敌对。

对待癫狂的态度，体现着人类对待自身以及同类态度的变化；对自然的残酷掠夺和严重破坏，则反映了人类对待自身以外整个自然态度的变化。但是，这种变化并没有给人类自身以及整个自然带来丝毫益处，人类同自然整体的关系反而随着人类历史的发展进一步恶化。人类在进步中不断品尝倒退的苦果，并非是进步本身的问题，根源在于最初的目的，即心理出发点。面对自然，人类心灵最初停靠在畏惧心理上，人类渴望受到保护、渴望增强自我的力量：古代社会，原始人通过图腾和巫术来达到与自然相沟通的地步；中世纪，人们设想了上帝，上帝无所不能，而上帝在这个世界最宠爱的生物即是人类；直到近代，人们终于掌握了科技，第一次真正能够按照自己的意志大范围地改变自然。所有这一切，最初的目的也是只为了摆脱自然的控制，甚至希望控制自然，成为自然的主人。

然而，非理性的癫狂与动物性本能却是人类始终无法摆脱的，并且是理性难以控制的。因此，理性始终拒斥神秘主义和无法言说的原始自然力量。同非理性本能相比，在对待自然的问题上，理性似乎更缺乏最起码的尊重和认同。对于科学来说，一切都只不过是实验室里可以拆解、分析和研究的对象。理性就在这样的自负中前进，最终走向疯狂破坏的尽头。

面对疏离，面对科技发展、知识膨胀带来的种种效应，即使经过无数次反思，人们依然很难把握问题的核心。正如福柯所认识到的“不仅是知识使人和感觉分离，感受性本身也使人和感情分离，因为人的感受能力不再受到自然界活动的控制，而是受到各种习惯、各种社会活动需求的控制”②。与

---

① 〔法〕米歇尔·福柯：《癫狂与文明——理性时代的精神病症》，孙淑强、金筑云译，第73页。
② 同上书，第197页。

此相应，人类对自然的影响也受到人类社会及其习俗的控制，不再只作为单一的生物体，而是作为对自然有着深刻影响的群体，现代人类的一切活动都对自然以及生态整体起着重要的作用，在所谓“人类纪”的时代里，如果人类整体不对自己的行为负责的话，那么，自然所面临的无疑将是灾难，因为没有什么可以对人类的行为加以有效控制。在癫狂的迷幻与神话外衣被层层剥落之际，人类在原始时期对自然的敬畏也逐渐被疏离，人们在自然的种种灾祸面前非但没有反思自己的行为，相反更相信科学的力量，希望借助科技之神最终战胜自然、拯救自我。

人类在对待同类以及自然的问题上如出一辙，即使少数超脱于常人之外、具有生态精神的人一再宣称回归，也无法改变人类步入自我毁灭的歧途。福柯对回归思想做了更好的解读：“人们不可能通过谴责自己并因此确证自己的自然辩证法而回归到刚出生时的环境中去，也不可能指望首次抛弃社会秩序就能悄悄地重建幸福的秩序。”[①]福柯眼里的回归，并不能给人们带来希望，回归的终极目标变得模糊不清，甚至支离破碎。对自然的破坏和对同类的极端残忍，成为现代人类焦虑的症结。除了人类自身之外，自然界已经没有任何一种力量可以拯救走向自我毁灭之路的人类：

> 这种回归不是绝对的……我们已经看到，癫狂在古典时期深深扎根于兽性的威胁，这种兽性完全受控于掠夺嗜杀成性的本能。通过无法控制的逆向过程，使癫狂回归到本性等于让它陷入反自然的狂暴之中。因此，癫狂的治疗并不意味着回归到与欲望有关的现实世界，而是意味着回到与想象有关的现实世界。[②]

在他看来，癫狂意味着逃离理性的束缚，对于理性来说，这种逃离恰恰是违背自然规律的，是应当予以阻止的。然而癫狂却让人类的身体和精神同时享受彻底的解脱，自然似乎也更加眷顾那些走向理性反面的发狂的人。所谓兽性，对于理性人类来说是极其可怕的，然而对于自然来说，却是对本性的回归，理性所惧怕的也正是这种回归。因而，在理性看来，这种回归是难以想象的，尤其是所谓的本性与兽性并无太大区别。

更进一步来说，理性对于回归的排斥更像是对自然的抵触，尼采在他的

---

① 〔法〕米歇尔·福柯：《癫狂与文明——理性时代的精神病症》，孙淑强、金筑云译，第 255 页。
② 同上书，第 175 页。

《不合时宜的沉思》里，特别引用了施特劳斯的复杂句型：

> 在宗教的较早阶段，不是出现一个这样的来自何处，而是出现多个，不是出现一个神，而是出现众多的神，按照宗教的这种起源，这是由于在人身上引起绝对的依赖感的不同自然力和生活关系，一开始还是以其完全的不同类而对人起作用的，人还没有意识到就绝对的依赖感而言在它们之间并没有区别，从而这种依赖的来自何处或者它在终极的关系中回归何处只能是唯一的。①

引用这段话，尼采并没有任何暗示，只是为了阐释某种文字表现力，然而从施特劳斯的句型中，却可以得到更具意义的推论：早期人类所接触的自然，在人们心灵深处激发了某种强大的依赖感，人类长久以来对自然的依赖就像孩子对父亲的依赖一样深刻，但是这种依赖是伴随着排斥力一同成长的。随着人类逐渐深入地了解自然，依赖也逐渐减少，排斥力却日甚一日，直到极端对立的程度，现代人中具有生态观念的少数派恰在此刻宣扬回归与拯救。

癫狂与破坏的尽头，是反思以及对于未来的再认识。然而是否能够回到古希腊先哲梦寐以求的黄金时代，或者这样的黄金时代是否真的存在过，仍旧是处在癫狂与破坏之间的人类所无法阐释的谜。人类对自然的恐惧导致焦虑，焦虑的积累则成为偏执。偏执体现在人类对待自然的一些基本态度上，如人类中心主义、征服自然、人类主宰万物等等，这些态度源于人类控制自然的欲望，而这种欲望又不断在自然中遭遇挫折。恐惧压抑着欲望，"本我"在"超我"面前不得不低头。所有这一切全都可以追溯到人类最初的生存欲望，它的过度膨胀象征着人类对自然的一系列误解。它最终导致人类与自然的对立，既造成自然的破坏，同时更给人类精神带来重大危机。更可悲的是，人类并未因此而停驻，人们继续沿着偏执之路前行。对于自然而言，人类的精神病症的确可以被称为"生态危机"，它对于整个自然都是悲剧的："每一种神经症都是小型的生态危机……推而广之，我们当前的世界范围的生态危机，从很严格的意义上来说，是世界范围的集体的神经症——将会导致世界范围的神经崩溃。"②

---

① 〔德〕尼采：《不合时宜的沉思》，李秋零译，第112页。转引自施特劳斯：《旧信仰和新信仰：一种表白》，第268～367页。

② 〔美〕肯·威尔伯：《性、生态、灵性》，李明等译，第223页

第二节 潜意识与自然万物

一 、人类原罪与力比多的反抗

乔治·弗兰克尔(George Frankl)用了一整本书来阐释文化退化的根本原因,其中最值得深层生态学借鉴的是关于人类原罪以及超我对本我的控制与反控制的部分。自我控制下本我对超我的反抗,是人类最终迈向技术时代、科技神话的心理动因。自然作为超我,原始人类对于自然的敬畏,以及科技之光照射下人类强加于自我的超我光环,造成人类与自然之间的矛盾和对立。科技成为人类反抗自然超我的武器,对科技的无上崇拜使得人类自信心急速膨胀以至于达到狂妄的境地。由于过度相信科技的力量,人类反而再次陷落到一个新的"超我"的控制之中——科技成为取代自然之神以及上帝的新神。随着科技的繁荣,自然也同上帝一样褪去光环,一切自然现象都有了"科学的解释","自我超我"的控制力逐渐削弱,反而成为"被控制者"的努力:

> 我们现在正在把我们的人性、自恋的自我形象、渴望权力的梦想、我们追求全知全能的幻想,统统投射到这个新的技术上来,但就在我们自身的期盼投射到这些机器上,渴望机器无所不能的时候,我们就已经形成了对机器的依赖。我们以一种新的崇拜方式让机器吸收、吞噬我们的天赋,这样我们就可以分享其神奇的魔力。①

所谓魔力就像人类远古神秘仪式中所能得到的,至少原始人自认为能够得到的神奇力量。通过这种力量,自我可以做出超越自我能力的事,甚至成为超我的一部分。科技业已成为这个时代的神,它取代了上帝,成为主宰万物无所不能的"超我":"从上帝的性质中我们能够辨别出一种文化的特点,但是对上帝是机器这种文化,我们该怎样解释呢?"②弗兰克尔的观点充满了诱人的魅力,将机器和科技视作现代化的上帝的看法也极具开创意义。

---

① 〔英〕乔治·弗兰克尔:《文明:乌托邦与悲剧》,褚振飞译,北京,国际文化出版公司,2006年,第1版,第151页。

② 同上书,第158页。

唯一的不足是他过度看重个人力比多的力量，忽略了人类整体的力量和集体无意识的强大功能。正如他自己所认识到的那样：

> 我们这个时代的生产方式变得越来越富有攻击性了，向自然世界发动进攻，使其服从我们的目的，而目的日益意味着利润。那种要战胜自然环境、把我们意志强加到自然界上的古老本能，那种施虐性的进攻使其服从于我们的欲望的快感，再次占据了主要地位，并且以实用的现实主义的名义获得了正常的理由。①

战胜自然、征服自然并从自然获取最大限度的满足是人类群体的欲望，并通过集体无意识的力量强加给个体。弗兰克尔将人类对于自然无限制索取、强迫奴役自然的行为视作个体内在力比多的反抗的观点是值得借鉴的："在对待我们所需要的对象，那个滋养众生的乳房——这个星球——的方式中，绷紧双唇、绷紧下颚，攻击性的力比多占据了主导地位。"②虽然弗兰克尔更关注个体无意识及其呈现，但是他在最后的"诊断报告"中已经从个体走向人类群体，他用了一整节（本能的空虚感和人类根本上的不安全感③）来阐释原始人类对于自然的恐惧感和不安全感。

借助力比多理论来解释现代社会人、科技以及自然的关系，要比单纯的人类异化观念深刻得多。早在 1930 年，弗洛伊德就出版了他的《文明及其不满》。在书中，他用大量篇幅来描述现代人以及现代科技所遭遇的尴尬④。作为对现代性的反思，弗洛伊德虽然并没有彻底否定科学为人类带来的福祉，却对人类内心深处永无休止的欲望披露得淋漓尽致。仅仅通过科技的发展来满足人类日益增长的欲望，永远无法实现终极的幸福："如果没有铁路拉近距离，我的孩子就不会离开故乡，而我也无须打电话听他的声音；如果人们不会乘船越洋旅行，我的朋友就不会踏上出海的航程，而我也不必发电报来消除我对他的牵挂。"⑤人们永远只会在生病的时候去想解决

---

① 〔英〕乔治·弗兰克尔：《文明：乌托邦与悲剧》，褚振飞译，第 207 页。

② 同上。

③ 同上书，第 213～214 页。

④ 〔奥地利〕弗洛伊德：《文明及其不满》，严志军、张沫译，上海，上海人民出版社，2007 年，第 1 版，第 138 页。弗洛伊德描绘了科技进步与人类幸福生活的悖论："人类在自然科学领域及其技术应用方面取得了非凡的进步……虽然这种新进获得的掌握时空的能力和这种对自然力量的征服满足了人类千万年来的渴望，但是这些成就并没有增加人们希望从生活中获得的令人快乐的满足，也没有人让人们感到更加幸福。如果认识到这一事实，我们应该满意地得出结论，即控制自然的能力不是人类活的幸福的唯一先决条件，正如它也不是文化奋斗的惟一目标。"

⑤ 〔奥地利〕弗洛伊德：《一种幻想的未来》，严志军、张沫译，上海，上海人民出版社，2007 年，第 1 版，第 138 页。

的办法，却不去找出生病的原因；永远只会寻找满足欲望的出路，却不会停止不必要的索求。纵然现代科技让人类得到了前所未有的成就，给人类带来了如此大的福音，并最终将地球推向“人类纪”，人类的活动能够深刻改变地球的面貌，却并没有因此而得到比以往更多的幸福，人类依旧没有感到充足的幸福，相反却增添了比过去更深的危机感，文明的进步成为值得怀疑的事实。

有神的时代，上帝作为人类的外在超我，人类对于上帝的原罪始终成为克制欲望的根源，人类的一切幸福都掌握在无所不能的上帝手中。正如弗洛伊德所强调的：“本能的克制是出于对一种外部权威的恐惧：人克制自己的满足，这是为了避免丧失外部权威的爱。”[①]原罪通过教义灌输到每一个人脑中，并逐渐转化为个人的内在超我，负罪感取代良心，成为克制力比多的内在力量。但是，克制的满足并不等于完全消除的欲望，一旦外在超我消失了——“上帝死了”，欲望又重新滋生，科技恰恰成为满足欲望的最佳手段，它顺理成章地取代了神的位置。在新的外在超我的控制下，人类并没有摆脱压抑与罪孽，相反，原罪又以另一种方式侵袭人类：“现在本能的克制不再具有完全的解放作用，道德限制不再得到爱的保证，可能出现的外部不幸——爱的丧失和外部权威施加的惩罚——已被替换成一种永久的内部不幸，替换成一种加剧的负罪感。”[②]科技越发展，人类的负罪感就越重，距离幸福就越远。

按照弗洛伊德的观点，力比多遭受创伤之后，即产生退行趋势，力比多以退行来应对压抑，荣格在《精神分析理论》一文中引用弗洛伊德的比喻来形容力比多的退行：“弗洛伊德所使用的一个意象很好地说明了退行的过程。力比多可以被比作一条河，当它遇到阻塞，被蓄拦起来时，就造成泛滥。如果这条河流在上游事先冲出了其他河道，那么这些河道会由于下游的拦截再次被充满。”[③]精神分析则担任治疗的任务，使之得到宣泄。

对个体而言，弗兰克尔、弗洛伊德等精神分析学家对人类与自然的解释也许行得通，但是对于人类整体而言，他们的解释似乎缺乏普遍意义。荣格认为，力比多应是一种内在能量，而非仅仅是性本能激起压抑的表达，“单从片面的性理论出发，我无法解释那些功能性扰乱对性领域和其他本能领域的影响何以同样强烈。在我看来，能量说的解释似乎较弗洛伊德《性学三

---

① 〔奥地利〕弗洛伊德：《一种幻想的未来》，严志军、张沫译，第 190 页。

② 同上。

③ 〔瑞士〕荣格：《弗洛伊德与精神分析》，谢晓健等译，第 124 页。

论》中设定的信条更符合事实"[1]。在宗教方面,荣格也将神的产生归属于集体力比多的运行,"力比多的积累激活了集体无意识所包含的作为潜在可能的意象。这就是上帝意象的根源,从一开始就是最强大和绝对的无意识力比多运行的集体表达的印记——这种力比多聚集于意识之上"[2]。

即使在弗洛伊德看来,田园式的生活正是人类群体所追求的,并非只是个人的生活目标。[3] 集体无意识理论克服了个体无意识在人与自然关系方面的局限,它更注重自然对人类群体的影响。理查德·诺尔(Richard Noll)在《荣格崇拜——一种有超凡魅力的运动的起源》提到:"他(荣格)终其一生所宣扬的自我与他人(其它个体或自然界)间的神奇联系的被称为神秘参与性人类学概念……此外,荣格一再提及的地理环境的影响——即地球与自然环境通过土壤的指导性特征对人的灵魂(甚至相貌)的影响——也同样源于 19 世纪德意志式的'人民'概念。"[4]荣格对集体无意识研究更多的侧重在远古记忆对人类整体及其后代的影响。在人与自然的关系上,集体无意识理论也更看重社会整体同自然的相互影响。此外,诸如"原型"理论、"原始意识"等组成的荣格心理学体系也为借助精神分析来整合深层生态学提供了有效帮助[5]。

荣格在他的自传中曾写道:"当我在那几块石板上刻字时,我意识到了我命中注定要与我的先人发生种种联系。我强烈地感到,我受到了种种事情和问题的影响,而这些事情和问题则是我的父辈、祖父辈与列祖列宗所没有完成和没有作出回答的。"[6]"原始意识"(原始性)理论是荣格思想体系中非常重要的部分,用来解释现代人类对于自然所产生的焦虑和对自然无休止掠夺行为的根源。在他看来,人类的原始意识通过代代遗传被保留下来,存在于人类整体当中,作为集体潜意识影响人类对于自身以及自然的一切

---

① 〔瑞士〕荣格:《转化的象征——精神分裂症的前兆分析》,孙立明、石小竹译,第 117~118 页。

② 〔瑞士〕荣格:《心理类型——个体心理学》,储昭华等译,北京,国际文化出版公司,2011 年,第 1 版,第 186 页。

③ 〔奥地利〕弗洛伊德:《一种幻想的未来》,严志军、张沫译,第 85 页。在个体之外,弗洛伊德并不否认人类群体与自然的关系:"作为地球上的小农户,人类将知道如何以自给自足的方式来耕种自己的土地。把他们的期望从另外一个世界上收回来,把他们所有的自由精力都集中用于世上的生活,这样他们也许能成功地达到一种事态:在这种状态中,生活变得让所有人都可以忍受,文明也不再对人和人有所压迫。"

④ 〔美〕理查德·诺尔:《荣格崇拜——一种有超凡魅力的运动的起源》,曾林译,上海,上海译文出版社,2002 年,第 1 版,第 12~13 页。

⑤ 秦晓利:《生态心理学》,上海,上海教育出版社,2006 年,第 1 版,第 69~70 页。

⑥ 〔瑞士〕荣格:《荣格自传》,刘国彬、杨德友译,北京,国际文化出版公司,2005 年,第 1 版,第 228 页。

观念和行为。在对美国新墨西哥州印第安人的考察中，他引述当地一名首领的话说：

> 你看，白人个个看着都那么凶狠。他们的嘴唇薄，鼻子尖，满脸皱纹，奇形怪状。他们的眼睛直瞪瞪的，没完没了地寻找。他们在寻找什么呢？白人们时时刻刻要新东西；他们总是有事要干，从不安静。我们不明白他们需要什么。我们不理解他们。我们认为他们都是疯子。①

人类之所以发展到现在状态，都能从最远古的人类意识中找到答案。在荣格眼中，美洲印第安人居住区的中心点同现代化都市的摩天大楼融为一体，在心灵深处，现代人很难抹去原始秘仪的影响。人类集体潜意识中对自然的恐惧和反抗都来自于远古的自然崇拜。相比基督教而言，荣格更赞赏原始人类的泛神论。自从在天主教教堂磕地头破血流之后②，他便在潜意识层面上对一神教充满了反感和厌恶。相对于基督教义，他更相信这样的话："那（太阳）不是我们的父亲在走动吗？还能有别的话可说吗？怎么可能还有另外一个神呢？没有太阳就什么也没有……单独的一个人在山里能做什么呢？没有太阳人连火也生不起来。"③

荣格将力比多的概念解释为"心理能量"，力比多并非是一个实体，而是"一种表示强度或价值的概念"④。原始人类的激情即建立在这种心理能量的基础上：这一切都来自于他（印第安人）的太阳之子的身份。他的生命具有宇宙意义，因为他协助天父及一切生命的保护者每日升降。⑤ 在他们的意识中，人类是自然不可缺少的部分，人类为自然贡献自身的一切，这才是人类生活以及存在的意义。自然本身成为人类存在的目的，是人类价值的唯一体现。正如荣格所看到的："如果我们把自己的种种自我辩白、我们的理性所规定的生命的意义与此相比较，那么，我们就只能见出我们的贫乏……知识没有使我们丰富起来；知识使我们越来越脱离神话世界，而我们原来凭之出生的权利是很熟悉这个世界的。"⑥人类对世界了解得越多，就离自然越远。理性并没有使人类找到生存的价值和目的，却让人类失去

---

① 〔瑞士〕荣格：《荣格自传》，刘国彬、杨德友译，第 240 页。
② 同上书，第 9～10 页。
③ 同上书，第 242 页。
④ 〔瑞士〕荣格：《心理类型——个体心理学》，储昭华等译，第 342 页。
⑤ 〔瑞士〕荣格：《荣格自传》，刘国彬、杨德友译，第 244 页。
⑥ 同上。

了感知自然的能力。人类先后用神、技术来代替自然,成为崇拜的对象,最后却迷失了自我,人类只有回到自然才能够重拾本性,正如荣格在访问非洲时所感受的一样,“这一景象迷住了我,画面尽管全然陌生,超出我的经验范围,但是,另一方面,却带来了一种极为强烈的似曾相识情感”①。他本人对于自然的超验感,决定了他所奉行的条例:“在这里,人不是主宰,不可思议的设想才是。”②在他看来,自然安排好了一切,自然通过集体潜意识的作用将其影响灌注在人的思想当中,人与自然的关系,也就在这种“设想”中延续,人的观念由自然而来。在自传中,荣格对自然的喜爱还表现在他对非洲原野的迷恋,即那些最原始的荒野。在非洲的荒野里,他能够体验到自然的原初本质,他的所有体验都笼罩在无意识的梦境中。他能够意识到其行为是在逃避欧洲文明的潜意识中完成的。

从荣格对卢梭、席勒(Johann Christoph Friedrich von Schiller)等人的分析来看,人类对自然的回归意味着力比多的退行,即人类退回到自然状态——只是心理状态、而非现实生活上,力比多的意象包括太阳、火、光焰、风等大量自然现象以及与此相关的寓言。从集体潜意识这个角度来理解梭罗的离开以及现代生态运动的兴起,要比个人力比多的反抗更恰切。巨大的太阳、洁净的空气、蔚蓝的大海以及所有最自然、最生动朴直的景致,都让人为之倾倒,其背后的原因不在于个人的审美追求,而是人类灵魂向自然原始意象的回归,自然整体才是人类存在的真正意义。但是这一点在人类历史上从来没有得到过应有的承认,反而处处受到责难。原始意象是集体性的,荣格将之划归于整个民族或是某个时代,它是“一种记忆的沉淀,一种遗迹(西蒙称之为‘铭记’),它由无数相似的过程的重复凝聚而成。它本质上是一种积淀或沉淀,因此构成某种不断复活的心理经验的典型基础”③。原始意象同神话之间的关联即由此而来,“作为一种神话启示,它是一种经常有效和不断再现的表达”④。

费希特(Johann Gottlieb Fichte)就曾这样对卢梭进行嘲讽:“谁也没有像卢梭那样坚决,那样伪造证据,那样雄辩地反对这个真理⑤。对于他来

---

① 〔瑞士〕荣格:《荣格自传》,刘国彬、杨德友译,第246页。

② 同上书,第248页。

③ 〔瑞士〕荣格:《心理类型——个体心理学》,储昭华等译,第334页。

④ 同上。

⑤ 这里所谓的“真理”,即费希特所宣称的:我认为人类的使命在于促进文化的不断进步,在于使人类的一切天资和需求获得同等的不断发展;在人类社会里我赋予研究这种进步和同等发展的阶层,以很光荣的地位。参见〔德〕费希特:《论学者的使命 人的使命》,梁志学、沈真译,北京,商务印书馆,1984年,第1版,第47页。

说，文化的进步就是整个人类败坏的唯一原因。按照他的意见，人除非出于自然状态，则根本无可救药，而那个主要促进文化发展的阶层，即学者阶层，他认为是整个人类贫困和败坏的根源与中心。”①在18世纪机械论盛行的时代，返回自然的愿望和生态理想只是作为启蒙运动的附属品而存在，并没有自己的声音，即使像卢梭这样的思想家也难免遭受攻击和诘难。

人在宇宙中的位置以及人在自然中所扮演的角色，始终困扰着人类，如环境史专家休斯所看到的那样：“我们周围这个百花争艳、虫鸟齐鸣、风云变幻的自然界，在人类生活中永远是一种强大的力量。今天它依然如此，尽管我们使出浑身解数企图摆脱我们对它的依赖，尽管我们常常不愿承认我们的依赖，直至为时已晚，危机四伏。”②或许有一些哲学家会将思想、精神等要素作为区别人与动物的根本性质，但是，精神并不是人生来就有的，是人与自然相互作用的结果。自然对原始人精神的影响始终贯穿着人类文明的发展。随着深层生态学理论的发展以及大地伦理、复杂性等理论的介入，将人类与环境相对立的观念，已经远远不能够适应现代生态理论。

人类在自然中的地位取决于人类观念的改变。而所谓人类观念，主要是指人类的集体观念。解决人与自然的矛盾，取决定于人类集体意识的转变，而集体意识又是在集体无意识的影响下逐渐形成的。人类在自我调解的过程中，心理因素的改变不仅是对自然适应的过程，同时也反作用于自然。如何寻回人类对自然早期的崇拜与敬重，摆正人类在自然中位置，是解决人与自然之间对立和矛盾冲突的关键。

二、人与非人类生物的关系

就荣格本人而言，自然界的一切非人类生物都是值得热爱的。《荣格自传》记述了他在幼年时期所表现出的对小动物、植物的强烈喜好，这类童年记忆也成为影响他心理学研究的重要因素。荣格的心理学研究还借鉴并吸收了大量的人类学知识。尤其是许多人类学家对人类和动植物之间在精神上的神秘关系的探索，更成为荣格心理学研究的重要内容。

荣格的著作中有很多关于动物的故事，例如，在《古代人》一文中他就曾记述过关于鳄鱼吃人的故事，他引用这个故事的目的在于探讨故事背后的集体潜意识内容，并且以此来分析现代人的智慧同古代人之间的差别。借

---

① 〔德〕费希特：《论学者的使命 人的使命》，梁志学、沈真译，第48页。

② 转引自〔美〕唐纳德·休斯：《什么是环境史》，梅雪芹译，第114页。

助神秘、曲折的故事情结，荣格把人的思维引入到潜意识的世界当中，现代人的思维方式被原始人丰富的想象力所取代，原始人对鳄鱼吃掉人的看法同现代人的理解完全不同。在现代人眼中，食肉动物对人类的攻击只不过是其天性的表现，是合乎自然法则的行为，但是在原始人的世界里，此类事件却被赋予离奇的情结：土著们认为，鳄鱼是在魔鬼或是巫师的召唤或引诱下完成对人类的攻击的，它们一定是受到了某种唆使。[1] 这一解释对于现代人来说近乎于疯人的呓语，但这恰恰是原始人在其固有的精神世界里看待自然的方式。如果按照弗雷泽的解释来看，原始人对自然的理解是一种对世界的巫术式的解释方式。巫术就是原始人眼中的"科学"，巫师是人的灵魂与神以及宇宙万物相互沟通的媒介。对此，荣格本人也持有肯定的态度。他进一步认为，在精神实质上原始人对巫术的信奉同现代人对科学的信任并没有太大差别，现代人对自然的观念并不因为合于逻辑而高出一筹——"他们（古代人）的心智动向和我们的并没有多大的基本差异。不同的只不过在于假设而已"[2]。

荣格曾记述过一个有趣例子："以非洲的原始人为例，他们还远没有感受到人类力量的荣耀。他们连做梦也不会想到把自己当做创造世界的主。他们的动物分类不是以人类作为顶点的，而是以大象作为生命的最高形式。其次是狮子，再次是豹子或者鳄鱼，然后才是人和更加弱小的动物。"[3]在这个例子中，荣格揭示了现代人同古代人在生态心理上的根本区别，古代人将人类视作自然的一部分，甚至将人类的地位置于其他物种之下。

在比较原始人和现代人对待非人类生物不同态度的基础上，荣格做出了明确的判断，他认为原始人的精神世界并不像现代人所理解的那样，绝不是单纯地由迷信、愚昧和落后等特征所组成的，相反，现代人在思想观念和精神实质上也不比古代人高明多少。作此判断的原因在于他对现代人精神世界的怀疑，以及对现代人世界观——尤其是自我中心主义泛滥的现代文明——的否定。荣格的观点还可以在同时代的其他生态主义者那里找到支持，例如史怀泽（Albert Schweitzer）"敬畏生命"的观点和他的个人生态实践就是对荣格理论中人与非人类生物之间相互平等这一信念的有力支持。这位"非洲圣人"[4]的传记记录下一位令人尊敬的生态主义者是如何身体力

---

① 参见〔瑞士〕荣格：《现代灵魂的自我拯救》，黄奇铭译，第194～195页。

② 同上书，第196页。

③ 〔瑞士〕荣格：《未发现的自我》，张敦福、赵蕾译，北京，国际文化出版公司，2001年，第1版，第217页。

④ 钟肇郑编译：《史怀泽传》，北京，中国社会科学出版社，2004年，第1版，第1页。

行人与非人类生物相互平等理念的："老博士倡导'敬畏生命'，严禁无目的的杀戮，因而他的医院之成为动物的天堂，乃是自然而然的事。狗与猫都可以在诊病室出出入入，办公室前面的椰子树上，小鸟们所筑的巢不下一百个，椰子树都因而枯萎了。"①

但是，更多的人似乎自始至终都不认为非人类生物拥有跟自身相同的地位，人们将"进化论"奉为真理，对它的缺憾却视而不见，如果不是一些忠于事实的旅行家和生物学家对非人类生物特性的观察和描绘，人们似乎要永远陷入自我陶醉、自我崇拜的牢笼之中。虽然现代人在思想上号称居于一种"祛魅"的状态，但是他们在对待自然界非人类生物的态度上却远逊于原始人，现代人对自然的理解也要肤浅得多。一些原始土著人虽然没有任何现代科学知识，却能够巧妙地利用人类的原始本能，实现人与自然的和谐相处。在这个号称文明昌明、科技发达的时代里，人类与非人类生物的关系却达到前所未有的紧张程度。"祛魅"的结果，让敬畏随着恐惧一同消失，自然界的一切非人类生物都被打上了"可食用"、"可作药用"等标签。人类也开始丧失越来越多的自然本能与天性。更为糟糕的是，在祛除对自然的原始"迷信"之后，现代人已经完全丧失了最后一点对自然的怜悯与热爱。正如托马斯所说：

> 人类把他们自己最恐惧的自然冲动归罪到动物身上——凶残、贪食、性欲过度，其实正是人类，而不是兽类对自己的同类发动战争，吃得远远超过自己身体所需，一年四季性欲旺盛，为评论人类本性而杜撰了"兽性"的概念。②

托马斯将现代人的精神状况暴露无遗，他用历史揭示现代人对自然的敌视程度。动物和其他生物或者作为赤裸裸的金钱欲和食欲的满足对象，或者作为人类征服自然后的战利品、奴隶等，人类在漫长的历史过程中所形成的对待非人类生物态度，并没有在精神上为自身带来安慰，相反，它却在人类的精神世界中留下了巨大的伤痕。人类在动物和植物身上宣泄着精神上的恐惧——从原始时期积累下来的对某些动物尤其是猛兽的恐惧，即使在现代科技高度发达的今天，人们依然在潜意识中怀有对这些非人类生物的本能厌恶和惧怕。在文学和艺术作品里，诸如黑暗中出没的怪兽、吸血蝙

---

① 钟肇郑编译：《史怀泽传》，第 248 页。

② 〔英〕基思·托马斯：《人类与自然世界（1500—1800 年间英国观念的变化）》，宋丽丽译，第 31 页。

蝠等形象，都成为人类对自然全部恐惧的象征。它们并非由人类所创造，它们来自人类的灵魂，它们原本就潜藏在那幽暗的潜意识深处。荣格曾经就现代人对蛇仍然怀有本能畏惧的现象做出过解释，他认为这正是人类集体无意识存在的证据，集体无意识通过遗传作用被保留在人类以及深处，因此，人们对非人类生物的态度也必定受到它的影响。但是，原始人却并不因为惧怕而产生敌视自然的态度，相反，现代人却对自然界有可能伤及身体的一切都充满了厌恶。可见现代人同自然之间的隔阂程度远远超过原始人。在这当中发生了怎样的心理变迁，这似乎是一个非常难以解释的问题。

就荣格的心理学研究来看，人类与非人类生物之间的紧张关系根本上还是源于人类自身的精神问题。现有的文明模式并不利于人类精神与自然精神之间的沟通，现代文明对世界的理解并不完全符合自然的真相。例如，在以货币价值为核心的现代文化中，人们习惯性地将动物和植物与生产价值联系起来，凡是能够产生经济价值（同时也包括审美价值在内）的动植物都被视作是有用的，应当加以保护的，而那些不能够产生经济价值的则被视作无用的，当某些无用的生物会对人的生存产生威胁的时候，人类便会毫不留情地消灭它们。在现代文明之下，人与非人类生物关系的基础是价值基础和货币体系，人类与非人类生物之间的关系必然走向尖锐的敌对。就连倡导并希望建立“第二自然”的麦克道威尔（John McDowell）也不得不承认现代理性将人类与动物割裂开来——“严格说来，动物是自然物，而一种我们所熟悉的现代的自然观念倾向于把理性从自然中排挤出去。结果造成理性与我们的动物性自然的分割，就好像有理性这一点使我们部分处于动物领域之外”①。

正如荣格所说，现代人相信因果律，他们希望了解自然现象以及动植物生存背后的秘密，并掌握这种可控的规律，以满足人类的需要。他们希望将一切看似巧合的事情都归入冷酷的因果关系之中，因为只有这样人们才能够消除对神秘自然的恐惧心理。而原始人则沉浸在对神秘力量的崇拜之中，这种态度让他们对自然和宇宙充满了敬畏之心，这也让他们同自然相处得更为融洽，至少在精神上他们能够与自然精神保持平等。然而欲望和贪婪最终战胜了敬畏，人们强烈地希望能够征服自然。很少有人能够像法布尔（Jean-Henri Casimir Fabre）②那样，对他所观察的动物充满热爱之情。

---

① 〔美〕约翰·麦克道威尔：《心灵与世界》，刘叶涛译，北京，中国人民大学出版社，2006年，第1版，第118页。

② 在法布尔的著名作品《昆虫记》中，动物不再只是被简单的划分为“有用”或“无用”，相反，动物也具有与人类同样的智慧和精神。在法布尔眼里，这些动物在自然界拥有同人类平等的权利。

人们最多会认为：虽然人类是最聪明的动物，但是我们不能因此而简单地忽视或贬低其他动物，因为我们并非它们。① 遗憾的是，人类最终并没有战胜自然，我们可以举出许多足以令现代征服者们感到泄气的例子，例如，现代人对蛇蝎等动物的本能恐惧，对乌鸦等动物的迷信式的厌恶，等等。有些动物在人类的文化中被当作霉运的象征，而另一些动物却能够为人类带来幸福。没有人能够说出其中的原因，即使有，也仅仅是存在于只言片语的神话传和故事当中。这些被视作迷信的心理动机却根深蒂固地驻扎在人类的灵魂深处，它潜移默化地影响着理性和科学对世界的判断，以某种消极的、温和的但却是充满幻想的力量避免人们走向精神的偏执。然而此种力量越来越微薄，在科技昌明的现代社会里，动物和植物身上的神秘感已经消失殆尽，自然界的一切都被打上价格标签，他们或是被放置在橱窗内等待销售——“动物为我们提供了食物和其他产品，如羊毛和丝绸”②，或是成为人们度假和旅游观光之地的附属品。

在《母亲原型的心理学面向》一文中，荣格认为，“就性格倾向而言，人与其他生物之间并不存在本质差异”③，该观点反映了荣格对人类与非人类生物的基本态度。荣格希望能够修正人类与非人类生物之间的不平等关系。可以想象，当人类祖先蜷缩在黑暗的山洞中，耳边传来可怕的野兽的啸叫，时刻担心会有一头饥饿的野兽冲入洞中的时候，他们内心深处一定充满了对自然的恐惧。而几万年后，无论何种凶猛的野兽都只不过是现代人的盘中之食，或是蔽体之物，它们甚至需要人类的保护以避免灭绝的危险。从恐惧到征服，在巨大的心理落差之下，人类与非人类生物的关系也经历了翻天覆地的变化，它必然影响人类对待自然以及宇宙万物的态度。不断膨胀的欲望对集体无意识产生了巨大冲击，人类对自然的研究越深入，对自然的敬畏之心就越少，因为研究的心理动机在于对长期压抑人类心灵的自然恐惧的反抗。但是，潜意识并没有停止对意识的影响，原始记忆仍然在现代人的生活中发挥着重要的作用。即使在一万年后的今天，仍然会有人梦到从未见到过的怪兽，祖先记忆依然会给人带来恐惧感。现代文明似乎很难消除

① 参见 Julia Berryman, etc., *Psychology And You*, Oxford, BPS Blackwell, 2006, p. 193, “In our own terms, we are undoubtedly the most intelligent animal, but we should not ignore or disregard qualities in other animals simply because we do not share them.”

② Ibid., p. 190, “animals are farmed for food and a range of other products such as wool and silk.”

③ 〔瑞士〕荣格：《原型与集体无意识》，徐德林译，北京，国际文化出版公司，2011 年，第 1 版，第 65 页。

这种恐惧感，按照荣格的解释，它的原因在于人们对自然的解释走错了方向，致使人们的精神越来越紧张和不安，非但没有因为发现了自然背后的规律而变得坦然，反而越来越贪婪，越来越偏执。于是，荣格希望引领现代人的精神，使之回复到对自然的敬畏与热爱的状态中去。我们也因此更能够理解荣格对原始精神的赞誉，他希望在这种精神中发觉能够拯救现代人灵魂的东西。这既是荣格的理想，也是现代生态主义者以及热爱自然的文学艺术家们的理想。

第三节　荣格的生态观

一、“原型”来自自然

荣格确信早期的原始宗教、神话传说以及童话是原型最基本的表达方式，这些文本能够揭示原型所包含的人与自然的基本关系。正如斯特劳斯(Claude Lévi-Strauss)所说：“按照C. G. 荣格的意见，有些特定的意义是同若干神话主题即他所谓的原型相联系的。”①他更进一步提出，神话与原型的联系可以被称为是“自然的亲缘关系”②，他甚至认为，“所有神话、宗教与学说的本质内容都是关于原型的”③。

荣格在早期犹太人的原始宗教信仰中发现了原型一词。他转述伊利奈乌的说法：“世界的创造者并没有按照自身来直接造物，而是按自身以外的原型仿造的。”④按照荣格对早期宗教信仰的理解来看，原型实际上是作为一种亘古不变的宇宙形象而存在的，原型是化生万物的最为基础的形态，自然界的一切都是按照原型的形象而生。这一解释看似是玄妙，但是它却形象地描绘了早期人类对自然万物成因的理解，在《从心理学角度看良心》一文中，荣格认为，“原始心灵的一个特点，是倾向于赋予万物以神秘来源，从而对其加以解释”⑤。尤其是宗教领域，人类将世界想象为无所不能的造物者对永恒原型的仿造品。就荣格的学说来看，所谓永恒原型正是自然在早

---

① 〔法〕列维-斯特劳斯：《结构人类学》，张祖建译，北京，中国人民大学出版社，2006年，第1版，第223页。

② 同上。

③ 〔瑞士〕荣格：《论心理的本质》，《心理结构与心理动力学》，关群德译，第144页。

④ 〔瑞士〕荣格著，冯川编：《荣格文集》，冯川、苏克译，第40页。

⑤ 〔瑞士〕荣格：《文明的变迁》，周朗、石小竹译，第343页。

期人类眼中所呈现出的形态。虽然这些形态在早期人类心灵中经过细致地雕琢,并逐渐转化为无意识的基本内容,但是它的基础仍然是最朴质的自然。因此,在原始宗教信仰被还原、其幻觉的成分被剥离之后,原型的真实来源便得以显现。

在神话传说当中,原型及其内容同自然万物之间保持着更为密切的关系。荣格认为,原型虽然象征了人类潜意识当中最为神秘、最富想象力的部分,但是,在研究原型及其类型和属性的时候,求之于最真实的自然却是行之有效的方法——"至今神话学者仍然求助于太阳、月亮、气象学、植物学以及其它类似的观念"①。因为只有在这些自然原初造物之中,他们才有可能找到原型最初的形态,进而对其进行分类和研究。虽然原型代表了原始人对自然万物、自然现象等的幻觉式理解,但是它并没有脱离最初的自然形态。人们把整个宇宙幻想为种种形态,每种形态拥有各种不同的奇异力量,甚至能够支配人类的精神,但是这些想象只不过是自然的象征物,是不可能脱离自然而存在。就像《神谱》中的神大多可以对应某一自然物那样,荣格相信这些迷人的神话传说是能够在自然中找到其原型形态的。此外,对神话原型的研究也必须回到自然当中,在那里寻觅早期人类对自然的理解。神话传说为研究者开启了探索祖先心灵奥秘之门。

童话则是一种更接近梦幻的原型的表现方式。在《儿童原型心理学》中,荣格强调,"原型并不出自自然事实,而是描述心理体验自然事实的方式;在此过程中,精神往往表现得非常专横,甚至否定真切的现实或者作出公然违背现实的陈述"②。人类在孩童时期对整个自然的理解同早期人类的幻觉极为相似。童话故事表现了人类对自然的天真理解,同神话传说相比,童话故事更能够表达人类对美好生活的期待,即荣格所说的无意识心理中不可抑制的渴望③。童话既是人类出于本能的、对实现自我生存价值的愿望,也是无意识作用下人类对自然的另一种诠释和理解。因此,童话故事的悲剧气氛显然要比神话传说淡得多,即使那些拥有悲剧结局的童话故事,在其结尾也往往呈现出某种倾向于喜剧的心理暗示。童话虽然祛除了神话传说中人类对自然的胆怯与恐惧的心理成分,但是依然反映人类心理同自然之间的复杂关系,童话故事能够满足人类在幼年时期对整个自然的初级欲望,在童话故事的基础上,人类对自然的早期经验得以建立。

① 〔瑞士〕荣格著,冯川编:《荣格文集》,冯川、苏克译,第 41 页。
② 〔瑞士〕荣格:《原型与集体无意识》,徐德林译,第 65 页。
③ 参见〔瑞士〕荣格著,冯川编:《荣格文集》,冯川、苏克译,第 42 页。

荣格对原型起源问题的探讨最终都指向同一个目标——自然，其生态观的核心因此可以概括为：原型来源于自然，具体而言，荣格将人类集体无意识心理同自然的关系作为原型的真正来源。但是，在其心理学著作中，荣格并没有将人类集体潜意识同自然之间的关系完全阐释清楚，他意识到人类已经很难真正理解在原始经验积累下形成的对自然的神秘解释，人类只能够在潜意识的经验层面接近祖先的记忆，人类需要回归到原始的敬畏自然的状态——"世界上最幸福的人就是向自然学习虔敬的那种人"①。也只有这样，人类才能够更确切地理解集体无意识的主要内容——原型同自然之间的微妙关系。

荣格认为，原型是人类灵魂和记忆当中最为神秘的部分，形成于人类原始时期。原始人对自然的感知同其心理活动之间保持着相同的节奏。荣格选择了一种浪漫主义的方式来阐释这种"节奏"："对原始人来讲，只见到日出和日落是不够的，这种外界的观察必须同时也是一种心理活动，就是说太阳运行的过程应当代表一位神或英雄的命运，而且归根到底还必须存在于人的灵魂之中。"②包括宗教信仰、神话以及英雄传说在内的所有人类精神产品都是来源于自然原始人类心理的影响。

在原型这个层面，自然占据了重要位置，自然是人类集体精神形成的最初来源，从原始时期开始，人们就希望通过对自然现象的观察来发现其成因，人类对自然的"好奇心"成为神话传说产生的心理根源。也正是这种激情促使人类不断努力探索去了解隐藏在这些自然现象背后的真相。即使在现代社会，人们所从事的科学研究也只不过是对原始人对自然探索行为的继承，现代人所倡导的科学精神类似于的原始"好奇心"。不同的是，原始人通过宗教仪式来解释自然以及整个宇宙，而现代人则是通过科学"仪式"来了解种种自然现象的成因。在这个过程中，集体无意识始终引导着人类的意识和行为。

荣格对以基督教为代表的西方现代文明的质疑和对古老的东方文明（包括各种东方宗教与秘仪）的探索，亦是其"回归自然"愿望的体现。他认为，日益贫瘠的精神内容和繁冗复杂的西方信仰，越来越远离自然的本真精神，是导致克尔凯郭尔（Soren Aabye Kierkegaard）似的精神病症的重要原因。相反，东方智慧却是疗救此种病症的良药。原型与自然的密切关系，在东方智慧中表现得更为完满，它产生于人类集体无意识深处的需求。荣格强调，高度抽象的、具有丰富象征意义的宗教及其信仰起到了规范人类精神

① 〔美〕爱默生：《自然沉思录》，博凡译，第 66 页。

② 〔瑞士〕荣格著，冯川编：《荣格文集》，冯川、苏克译，第 42 页。

的作用，在它的庇护下，人类才能够从心灵中驱逐狂乱与恐惧，并让自己的灵魂在自然中得到安宁。但是，正如许多后现代哲学家的著作所揭示的，西方文明的发展将这种庇护作用引向极端。这一结果也正是荣格所忧虑的，他希望在东方智慧中找到化解这一精神危机的力量。

在讲述完克劳斯兄弟的故事与西拉休斯的故事后，荣格对此进行评述，并揭示原型的巨大力量对人类心灵的冲击，对此，教义与教会均无法为人类心灵提供永恒的保障。在这些恍如神话传说般的故事当中，荣格对西方传统与人类中心主义进行了抨击，他更希望在潜意识层面上击碎这些顽疾，以显露出自然原型之下人类的真正需要。他甚至认为，西方信仰及其象征意义的日益贫乏，恰恰体现了接受东方智慧的内在一致性的需要。[①] 他的观点似乎可以理解为人类集体潜意识对精神危机的自我调节，背后的动力就在于自然原型对人类心理的强大作用。

在面对精神危机的时候，荣格往往表现出强烈的愤世嫉俗感情，并借此传达他对拯救人类精神危机的渴望："我们已经彻底相信，即使借助于正在美国建造的最新最大的天文望远镜，也没法透过最遥远的星云发现火红色的上帝与天使之宫，我们的眼镜只会在星际太空的一片死寂中绝望地游荡、徘徊。"[②]在强烈的情感中，荣格表露出潜藏在他内心深处的欲望，并非统治整个自然、拥有一切物质利益的欲望，而是集体潜意识影响下人类个体对自然本真的探寻。

荣格从不相信，现代科技能够准确地解释原型的真正形态，但是他明白当意识接触到潜意识的边缘的时候，恐惧感就会死死地攫住人类的心灵，那难以言说的感觉，正是人类在面对自然之时所体会到的切身感受。无意识借助种种幻觉形态向意识展现自己，就像原始人眼中自然所做的那样，用巨大的、可怖的外在形式来表现自身的力量，同时借助这种力量间接地展现它背后的更大的力量。在潜意识中，人类对宇宙充满了怀疑和恐惧，人类的微薄力量无法与之对抗，人们只有服从并对其怀有最大的虔诚。即使在科技发达的今天，人类在无意识深处依旧无法摆脱这种记忆的影响。然而，膨胀的欲望却使得意识背弃了潜意识，并希望克服原始记忆对现代人类精神的影响，其结果必然是悲剧性的——人们迈向到精神分裂的边缘。

荣格希望找到原型的真正形态，即使那个过程是艰难的。他把这个过程比作走下深井的过程，在这过程中，每个人"都逃脱不掉那痛苦的挤压"[③]。就

① 〔瑞士〕荣格著，冯川编：《荣格文集》，冯川、苏克译，第 51 页。
② 同上书，第 53 页。
③ 同上书，第 59 页。

像原始人将他们对自然的理解转化为图腾崇拜式的抽象概念那样，他们必须克服反自然的欲望，进而将人的精神同自然精神联结在一起。原型所代表的集体无意识精神是一个巨大的开放性的系统，它朝向整个宇宙和自然，它能够包容一切，而非排斥万物。在荣格眼中，西方中心主义的谬论同人类中心主义如出一辙，都只不过是人类欲望对潜意识中自然精神的背离，它们都是造成现代精神分裂症的根源，同时也是人类意识企图歪曲原型的自然之根的假象。荣格将这种假象描绘为人类对自我的迷失。

此外，从集体无意识的角度来考察原型的自然起源也是必要的。集体无意识本身也具有自然的特性。集体无意识受到自然原型的影响，它又作用于人类意识，成为沟通意识与自然精神的桥梁。只有在无意识中，人们才能够感受到原型的存在，集体无意识是追溯原型起源的回归之路。同之前借助神话传说、宗教信仰以及童话故事对原型的追溯相比，集体无意识的考察之路显然更为曲折，它对原型的遮蔽要更为晦涩。对于无意识的"前史"，荣格是这样描绘的："在道德良心问题还没有存在以前，就有了山林、田野、河流的众多精灵。不仅如此，这些精灵还被人们惧怕着，同样也为人们所热爱……"①惧怕感表达了人们对自然的最为原始的印象，它转化为意识之下的深层心理。之后，无意识便随着人类精神的"外像化"过程而逐渐增长——"它(这种复杂性)的增长是与自然的非精神化程度成正比的"②，最终，自然在无意识中成长为根深蒂固的记忆，自然原型也在集体记忆中沉淀下来。

集体无意识的记忆反映了人的精神实质同自然精神之间的内在关系，它关涉到人类生命的形式同原始经验之间的联系，"原型是经验的集结，它们像命运一样降临在我们头上，其影响可以在我们最个人的生活中被感觉到"③。原型能够反映人类在自然中从古至今的经验以及在此种经验之下的记忆，这些记忆构成了人类的梦境，它们虚无缥缈却能够引起人们内心深处最为强烈的震撼，它们能够将人的心灵放归到自然精神之中，能够让人们眼前再次出现原始丛林中的精灵。但是，它们同样能够把人类的灵魂引向黑暗的深渊，正如荣格所说的，它就像"自然强加在我们头上的"④一样。

只是在现代人的精神世界中，人类意识却向后一个方向前进，于是这个

---

① 〔瑞士〕荣格著，冯川编：《荣格文集》，冯川、苏克译，第 64 页。

② 同上书，第 65 页。

③ 同上书，第 69 页。

④ 同上书，第 72 页。

世界便成了荣格所说的“一个崩溃的时刻。我们沉入了最后的深渊——阿比勒乌斯把它叫做‘一种自动的死亡’”①。人类精神处于自我否定和恐惧的状态，因为它远离了原型和它所建立的基础——自然。虽然原型难以被感知，但是它永远左右着人们的精神生活。当人们在其意识中能够以一种自然的状态体验到潜意识中原型的力量的时候，精神才不至于走向自我分裂的地步。然而现代文明下的精神生活却与之相悖，人的意识受到不断膨胀的欲望的唆使而走向偏执。荣格把意识的背离称作是“偏离其原型的、本能的基础”②，正是心理上的偏离导致人类同自然之间的对立，人类不仅迷失了自我，在精神上也难以回到自然精神的原初状态。

虽然原型具有多种形态和特征，它受到多重因素的影响，并形成于漫长的历史，但是它却有唯一的来源，不能够偏离某个既定的方向。就像在许多神话传说和宗教信仰当中，人们深信这个世界是早已预设好的，人的心灵无法脱离命运的安排。对于欲望来说，原型是冷酷的，就像自然带给人们的灾难那样，原型压抑着人类的欲望，在人类灵魂深处当中留下强烈的恐惧记忆。对于潜意识而言，原型又是丰富的，它给人们的梦境添加了丰富的素材，它也是文学和艺术始终充满活力的动因。

总之，自然是原型的基础。正是在这个基础上，人的精神同自然的精神才能够实现真正意义上的相互沟通，人们才会在潜意识的层面上感知到自然的气息和整个宇宙的活力。假如意识有一天脱离了自然原型的影响，就像阿尼玛脱离了男性的灵魂那样，其结果必定是可怕的，人类精神只会走向迷途。有些时候，荣格并非彻底地生态思想者，他也会对人类征服自然表达出某种程度的喜悦，在《童话中灵魂的现象学》一文中，荣格提到“人不仅征服了自然，而且征服了精神，但是他并没有意识到他之所为”③，而在《心理学对现代人的意义》一文中，荣格则进一步肯定了意识的作用，“意识的获得是智慧之树最弥足珍贵的果实，是让人类征服地球的神奇武器。我们也希望这能让人类得以征服自己，取得更大的胜利”④。但是，他对人类征服自然的方式并不赞赏，尤其对人类在未能认清内心自然本质的前提下就贸然对自然进行征服的活动感到遗憾。对此，他的基本态度仍然是比较悲观的，“人尚未从任何恐惧中解脱出来，一个可怕的梦魇正折磨着世界。

① 〔瑞士〕荣格著，冯川编：《荣格文集》，冯川、苏克译，第72页。

② 同上书，第81页。

③ 〔瑞士〕荣格：《原型与集体无意识》，徐德林译，第199页。

④ 〔瑞士〕荣格：《文明的变迁》，周朗、石小竹译，第105页。

迄今为止，理性一败涂地，让人悲哀；大家希望逃避的东西滚滚而来，一浪胜似一浪”①。

二、集体无意识与精神生态

集体无意识理论同生态理论之间的关系是十分密切的，对此，深层生态学、大地伦理学等理论可以作为研究集体无意识理论同生态问题之间内在关系的典型例证，它体现了当代生态思潮给人类精神带来的深刻影响。

深层生态学作为一种与浅层生态学相对的概念诞生于1972年。奈斯(Arne Naess)在其《深层生态运动：一些哲学观点》②一文中，对深层生态学这一概念做出明确定义，并提出深层生态学的八项主张。作为深层生态运动的纲领，这八项主张始终贯穿了“人类与非人类生物之间是平等的”这一宗旨，它强调人类意识形态的改变对人类世界与非人类世界走向平等的关键作用，以及人类繁荣对于生物多样性以及非人类生物平等生存权利的严重影响。奈斯更进一步提出解决人类与非人类世界紧张关系的途径——“赞同上述观点的人都有直接或间接的义务来实现上述必要变革”③，其目的也在于破除人类中心主义这一浅层生态学的核心观点。因而，深层生态学从诞生之日起，就建立在浅层生态观的对立面，将人类从自己构筑的神坛上拉下来，迫使人类摆脱以自我为中心、自私自利的苑囿。可以说，这是一次人类精神的哥白尼转向，它希望扭转自启蒙运动以来人类理性所信奉的人本主义④和人类中心当中的片面教条，让人类视野从对自身的观照转向对自然精神的感悟。

关于深层生态的思想内涵，福克斯(Warwick Fox)在他的《深层生态学：是我们时代的一种新哲学吗》一文中说的更加明确：“深层生态学家的核心观点是沃斯特和奈斯所说的直觉问题，这就是说，这是一个在采取一种价值标准时要相信自己的心声的问题，或者说，这是一种其本身不能被证明或证伪的观点。”⑤他强调非人类生物的内在价值，而非外在于非人类生物的、对人类有利或有弊的价值。内在价值的独立性决定了非人类

① 〔瑞士〕荣格：《原型与集体无意识》，徐德林译，第200页。

② 〔挪威〕阿恩·奈斯：《深层生态学运动：一些哲学观点》，桑靖宇、程悦译，杨通进编：《现代文明的生态转向》，重庆，重庆出版社，2007年，第1版，第50～53页。

③ 同上书，第51页。

④ 参见〔澳大利亚〕W.福克斯：《深层生态学：是我们时代的一种新哲学吗》，肖俊明译，杨通进编，《现代文明的生态转向》，第47页。该文指出，所谓“人本主义的傲慢”，即认为非人类世界完全是人类目的的工具。

⑤ 同上书，第46页。

生物存在的必要性，它得以消除人类意识中非人类生物的“工具性”价值。福克斯认为，深层生态学给予人类的启示在于人类应该尽可能的关心地球的命运，绝不仅仅因为地球的破坏和变化影响着人类的生活，而是因为整个地球就是人类自身，地球就是人类，人类也即地球。深层生态学家既摈弃了万物是为人类而生老生常谈，又不以保护地球是为了人类自身更好的发展为权宜之计，他们所追求的是人类自身价值同自然存在之内在价值的统一。

深层生态学关注人类集体精神同自然之间的内在关系，与此相关的人类学研究则为深层生态学提供了理论依据，摩尔根(Lewis Henry Morgan)证明人类从诞生之日起就面对自然超我的压迫并不断对超我进行反抗。①人类文明的一切都是在证明自我和摆脱自然控制的进程中建立起来。原始人类面对自然的束手无策在人类心灵深处埋下痛苦的种子，始终成为人类无法摆脱的阴影，它为不仅科技“救世主”的到来奠定难过了基础，而且推动人类逐渐向偏执。人类始终相信在遥远的过去曾经有过黄金时代，人类所做的一切努力都隐含着回到黄金时代的梦想：

> 奥林波斯山上不朽的诸神创造了一个黄金种族的人类。这些犯人生活在克洛诺斯时代，那是他是天上的国王。人们像神灵那样生活着，没有内心的悲伤，没有劳累和忧愁。他们不会可怜地衰老，手脚永远一样有劲；除了远离所有的不行，他们还享受筵宴的快乐。他们的死亡就像熟睡一样安详，他们拥有一切美好的东西。肥沃的土地自动慷慨地出产吃不完的果实。他们和平轻松地生活在富有的土地上。羊群随处可见，幸福的神灵眷爱着他们。②

然而现代人类只是在不断的辛苦工作中度过每一个疲惫的日子，欲望在不断膨胀，通过努力工作非但换不来开心和幸福，反而却在欲望中不断陷落。

这就是现代人所面对的困境。在这困境中，自然只能成为人类索取的

---

① 参见〔美〕路易斯·亨利·摩尔根：《古代社会》，杨东莼、马雍、马巨译，北京，商务印书馆，1977年，第1版。摩尔根在序言之前引用了威廉·德怀特·惠特尼《东方学和语言学研究》中的话，借以证明，在人类历史的发展过程中心灵所起到的关键作用。人类社会之所发展到今天的状况，跟心灵同自然的相互影响是分不开的。

② 〔古希腊〕赫西俄德：《工作与时日》，张竹明、蒋平译，北京，商务印书馆，1991年，第1版，第4～5页。在这本书中，赫西俄德以神话故事作为隐喻，规劝人们努力工作，以获得幸福。文中提到史前人类曾经历过黄金时代。

对象。人类也向永恒的偏执迈进。发展和进步的欲望主宰人类所有的幸福，工业和现代化的脚步让思想成为空洞。启蒙思想家幻想的幸福成为遥不可及的梦想。这一切又都在集体无意识的牢笼里徘徊。人类越努力，就离黄金时代越远。在幸福面前，人类集体失语。失语症①造成记忆的减退，或许人类已经真的忘记了那个黄金时代，以为自己原本就是这样深陷痛苦之中，永远背负臆造的罪孽。

自然对人类心灵造成的影响之于人类集体来说具有普遍意义。虽然个体所处的环境不同，但是“个体记忆仍然是群体记忆的一个部分或一个方面，这是因为，对于每个印象和事实而言，即使它明显只涉及一个特定的个体，但也留下了持久的记忆，让人们仔细思考它，也就是说，它与我们得自社会环境的思想联系在一起”②。因而，对于自然的个体记忆同样来自于人类的群体记忆。人类应当将自身置于自然之中，才能真正唤起对自然的记忆。

在人的集体精神同自然之间的关系问题上，大地伦理学的观点比深层生态学更为极端。它强调在某些时候甚至可以为了整体的和谐、统一、完整和稳定牺牲个体。例如，在生物种群的数量方面，限制动物的数量成为维持生态整体平衡的可接受的方式，但是对于人类数量的限制，则会遭遇更多的抵制，以及道德上的尴尬。生态整体价值的实现同人类生存价值实现之间的矛盾是人类长期以来一直所面对的困境，人类的权利、自然的权利以及人类在自然中所扮演的角色，都是人类无法回避的问题。深层生态学和大地伦理学为集体无意识理论对人与自然关系的阐释和对人类未来的预期提供了参考。在精神层面上，人类集体的存在价值同自然的存在之间具有复杂的相互关系，当自然与人类融为一体的时候，原始的恐惧、崇拜以及现代人的征服、索取都将化为乌有，也许深层生态学的理论及其运动能够改变人类自古以来对自然的偏执。

此外，深层生态学和大地伦理等生态理论所强调的生态平均主义以及生态中心主义也体现了人类集体潜意识的扩展。人类在实现自身平等的前提下，开始重新考察人类同自然的平等问题。自然价值的实现与人类价值、欲望的满足在根本上并不矛盾，因为人类本身也是自然整体的一个部分，人类伦理与自然伦理在最高准则上是一致的。

类似的观点还散见在雷根(Tom Regan)、史怀泽、泰勒(Charles Tay-

---

① 〔法〕莫里斯·哈布瓦赫：《论集体记忆》，毕然、郭金华译，上海，上海人民出版社，2002年，第1版，第76页。

② 同上书，第94页。

lor)等人的著作中。正如列奥·施特劳斯转引霍布斯所说，存在着一种全然独立于任何人类合约或习俗的自然权利。① 就像人类学家对于普遍人类权利事业的热情和为之奋斗的精神②，到目前为止，人类似乎应该将目光放得更长远，转向更广阔的自然。亚当斯则认为，作为人类的哲学之根，自然法则是具有普世性的③，对此，他还列举了猿类研究来证明自然法则的意义④。他认为动物组织中具有同人类一样的社会组织，动物之间也具有同人类相类似的组织关系。这说明动物(非人类生物)也具有与人类相同的自然基础。亚当斯所说的人类的哲学之根，也即人类的自然之根，人类的哲学之根同自然最基本的法则保持一致。

这些革命性的观念是人类走出自高自大、自我封闭的狭隘，走向广阔自然的开始。从最初的崇拜、畏惧到征服自然再到以平等的态度对待自然，观念的变化体现了人类的真正进步。人类同世界之间的精神联系，同人类集体无意识的起源是一致的。作为生命主体，人的原始意识同感觉、记忆以及未来意识联系在一起，人类痛苦与快乐的情感同自然情感是一致的。所以，承认自然的绝对平等也是对人类自身绝对平等的要求，也是人类集体潜意识内在需要的体现。

生态伦理强调人类与自然的绝对平等近乎于一种道德理想，达尔文的生物进化论本身即造成诸多误解："一个伟大的隐喻统治、曲解并阻碍欧洲人寻找人类在大自然中地位的努力。这就是把世界比作'生命的大锁链'的这一简单思想。"⑤自然与人类平等这一观念所遭遇的阻力，同几百年前人类从低等动物进化而来这个观点所遭到的指责一样，需要一个漫长的时间才能被人接受。人类在实现自身权利均衡的漫长过程体现着集体无意识精神在人类历史过程中对于观念转变的深刻作用，人类与自然的平等既是一种文明的扩展，更是向自然的回归。

---

① 〔美〕列奥·施特劳斯：《自然权利与历史》，彭刚译，第 170 页。

② 〔美〕威廉·亚当斯：《人类学的哲学之根》，黄剑波、李文建译，桂林，广西师范大学出版社，2006 年，第 1 版，第 174 页。

③ 同上书，第 180 页。

④ 同上书，第 178 页。"通过对猿的社会行为的田野研究来更多地了解现代人的做法反映了一种对广义上所有自然法则的信仰和探求，因为自然法则不仅规定了人类的行为，同时也决定了人类最亲近的邻居的行为。正如以往一样，这种研究有着某种暗示性的假定，即这些普遍行为(比如分享事物的做法)肯定在自然秩序中有着某种理性基础，虽然这种基础未必在所有的情形中都十分清楚。"

⑤ 〔美〕丹尼尔·J. 布尔斯廷：《发现者——人类探索世界和自我的历史》，严撷芸等译，上海，上海译文出版社，2006 年，第 1 版，第 394～395 页。

人类总是在矫枉过正的斗争中完成一次次转向。非人类中心主义的伦理观虽然在纠正人类中心主义的道路上走出了决定性的一步，但是在面对人类基本物质满足时总是遭遇到尴尬。例如，素食主义的口号在实践上很难为大多数人所接受，只有少数人可以真正做到素食，并且，素食主义虽然拯救濒危动物以及人类与动物的关系问题上有所建树，但是人类素食对于植物来说并不是一个好消息，一旦走向极端，事情便会向相反的方向发展。偏执带来的影响存在于人类与自然非人类生物以及非生物的种种矛盾关系之中。环境伦理学是对人类伦理的发展和延伸，但是环境伦理并不是解决人类与自然对立的根本途径，环境伦理（“环境”一词本身就包含了浓厚的“人类中心主义”的色彩）本身作为人类集体潜意识发展的结果绝不是终极目标。生态伦理的建立和发展最终能够取代简单的环境伦理，才是人类解决和自然矛盾冲突的真正出路。

将荣格集体无意识理论运用于生态批评和生态学研究具有重要意义，通过分析人类的原始意识可以判断人类同自然之间的关系。例如神话对于民族集体灵魂的影响那样，“每一个人类社会都有一个有关起源的神话，这是所有故事中最基本的故事。这些起源的神话由反映意识的源头喷涌而出，这是对一切事物寻求解释的心声”①。从生态的角度来看，人类寻求自然事物的解释，其目的是为了寻求安全感和实现自我的生存价值。人类对自然的基本态度，受到人类集体观念的深刻影响，深层生态学的基本观念是在人类集体潜意识影响下的观念的转变。

三、情结理论的生态意蕴

荣格对小说《尤利西斯》的心理学分析，是情结理论在文学批评中的一次经典应用。情结理论不仅揭示了隐藏在艺术家灵魂背后的东西，而且还展现了人类集体心理同宇宙自然之间的内在关系。

在内容上，《尤利西斯》体现了现代人的精神病症，即荣格所说的精神分裂症，尤利西斯的个人情结正是现代人精神生活的写照。在荣格看来，小说所描绘的不仅仅是一个人的精神分裂症，或是一个地域人群的精神问题，而是整个人类面临的精神危机——无根状态下的精神生活。

情结理论更多地指向作品的创作者以及它的受众，作品创造的意象能够代表一定数量的人群，集体心理、自然、历史以及社会等因素构成了情结

---

① 〔英〕理查德·利基：《人类的起源》，吴汝康、吴新智、林圣龙译，上海，上海科学技术出版社，1995年，第1版，第120页。

的大部分内容。在《毕加索》一文中，荣格干脆撇开作品，把研究对象直接定位在艺术家本人及其作品参观者的内心世界中。作品只不过是帮助观众通向作者神秘的潜意识世界的钥匙，一旦心灵之门被打开，这把钥匙也就失去了作用。

在这篇为艺术家心灵所作的评论中，荣格却展现了他自己的激情。影响荣格的并非画家的作品，而是作品背后画家的心灵以及在心灵深处潜藏着的象征。他是这样描绘这种力及其象征意义的：

> 在现代人心底涌起的就正是这样一些反基督的、魔鬼的力量，从这些力量中产生出了一种弥漫着一切的毁灭感，它以地狱的毒雾笼罩白日的光明世界，传染着、腐蚀着这个世界，最后像地震一样地将它震塌成一片荒垣残碟、碎石断瓦。毕加索与他的画展，连同那二万八千名前来看画的观众，便是这样一个时代的印证。①

荣格洞察现代人的心灵，在这片心灵的汪洋中，他觉察到那壮阔波澜下的原动力，心灵的一切都凝结成某种象征，一切都披上神秘莫测、难以言说的外衣。这同时又是一种假象，是文学和艺术作品所精心编制的假象，就像潜意识在梦中呈现出的种种离奇、变异的形象，类似于毕加索（Pablo Picasso）的伟大作品，每一幅都改变着观者对世界的看法，这些作品都构建出独特的精神世界，同人们在日常生活中见到的景象完全不同，却同梦中所见一模一样。它们能够引起观者心灵深处的记忆，就像在目睹某处秀丽自然风光之时灵魂深处的震颤。

在参观艺术家的这些伟大作品的时候，人们会感觉空间在飞速变动，它把人们拉进了一个神秘的城堡。在这个城堡里，艺术作品变成了巫师的水晶球，它能使人看到灵魂的世界，那是一个同意识经验到的世界完全不同的地方。那里似曾相识，观者甚至看到了在第一抹日出映衬下祖先的笑容。这光辉驱逐了蒙在观者心灵的阴霾，观者因此看到了辽阔的草原、无垠的荒漠以及跳动的、赤色的宇宙的心灵，看到了拥有灵魂的活着的地球，它们在油画画布上熠熠放光。

起初，荣格是站在一个精神治疗师的角度来分析文学艺术家的心理，但是很快就转到了对人类灵魂的考察。他相信艺术家个人情结是民族和社会的集体情结的表现。毕加索在绘画人像的时候，往往在同一个平面展现物

---

① 〔瑞士〕荣格著，冯川编：《荣格文集》，冯川、苏克译，第282页。

体的不同侧面。按照荣格的理论来看，这种风格应当归为精神分裂人格下的创作，它反映一个时代的精神病症，作品本身已经超出了艺术家控制的范畴，他似乎在冥冥中受到某种启示，他所描绘的是人类集体的精神状况。在荣格的带领下，观者走向一个深邃、神秘的空间，在那里，观者能够看到各种各样的反映自然最原初状态的原型形象。在情结的影响下，观者必然走向一个既定的目标——距离自然越来越近。就尤利西斯情结和毕加索的人格情结来看，它们虽然分属于不同的情结模式，并且反映了人类不同的精神病症（精神分裂与神经官能症），但是，它们却拥有共同的特质：它们都起因于自然对人类原始精神的影响及其同现代文明之间的冲突。荣格把毕加索的创作称之为一种神经官能症的艺术活动，他的作品形式同无意识之间以一种神秘的方式连接起来，他创造的艺术形象是其潜意识的延伸，作品塑造的悲剧是艺术家内心悲剧的外化。荣格认为，在毕加索及其相近的艺术家塑造的意象上寄托着某种希望，是艺术家为解决现代人精神危机所做的尝试。观者虽然无从猜测艺术作品所表达的真正内涵，但是，这些艺术作品必定表达了人类灵魂深处潜意识的需要，它通过作品的象征作用来影响和暗示读者的潜意识，它在读者内心深处必定能够激起某种相似的潜意识的信息。观者在这些艺术作品当中能够看到自己的影子，作品会对观者产生强大吸引力，并引起灵魂的震荡。

在评价诸如《尤利西斯》或是毕加索绘画作品的时候，荣格更像是但丁笔下的贝阿特丽切，不同的是，贝阿特丽切将但丁引向天堂，荣格却把读者引向深邃的地下。在自然界的奇异以及神秘力量的帮助下，他让观者的灵魂第一次看到了自己的形象，他发现了隐藏在艺术家和普通人心灵中的相同记忆，在那里，人类能够找到现代精神中缺失的部分，但是，他绝不像一个严谨的科学家那样直白地告诉人们缺失的是什么，他只让人们体会那种感觉，并在意象及其象征中让灵魂进行反思。

情结是人类精神共有的特质，一种普遍意义上的精神内容。情结意味着人类与整个宇宙在精神上的联系，艺术作品所表现的人类情结具有高度抽象的特征，就像荣格所说，毕加索是把人类的种种魔幻般的形象拼接起来，组成一个更为抽象的难以理解的精神意象，观者在现实中绝不可能找到他绘画中的形象，但是却能够看到无数个原型，就像图腾所描绘的人类祖先的记忆，它的每一个部分都能够转化为自然界的每一件造物，无论是动物或是植物，这些形象都来源于自然原型。毕加索创造了现代人的图腾，它们象征现代人精神生活中一切“丑陋、病态、怪诞、晦涩和平庸的东西”[1]，而原始人的图腾则象征了自然界的伟大力量以及这些力量所寄托的人类对生存的渴望，这也是荣格在其文学和艺术评论中所要表达的精神。

荣格对情结理论的描述并不像集体无意识理论那样清晰，他对情结的阐释更像是对梦的描绘，并带有强烈的希望：他看到了文学艺术家的灵魂，它们反射着人类集体无意识的光芒；他看到艺术家对人类精神命运的担忧，即使在那些表现绝望的作品当中，他们仍旧怀有某种希望。当毕加索在他的绘画中用一种极其蔑视的态度来揭露现代人的精神状况的时候，他的作品对人类心灵产生的不适感几乎达到了摧毁意识的程度，即便如此，荣格依旧对拯救人类灵魂抱有期望。他是这样描述艺术作品对现代人心理情结的冲击的：“它（艺术作品）像冷雾一样笼罩在荒凉的旷野上；一切都毫无目的，犹如一片无需任何观者的景色。”[2]在这段经典解释中，荣格将艺术作品比作无需人类的自然之景，这正是人类潜意识深处对自然以及宇宙万物的恐惧之源，同样地，浮士德在其追求中表现的所有激情也正是为了摆脱此种恐惧。为了证明自己，为了在自然中获得生存的价值，以及为了让自然臣服于自我精神和意志之下，人类不惜牺牲一切。结果却令人失望，人类在物质文明高度发达的现代社会中，过上了尤利西斯般的生活，冷漠袭来，空洞的悲剧感击垮了人类的心灵，它让西西弗斯式的悲剧写满了都柏林的大街小巷。当人类成功地把巨石推向顶峰的时候，一不留神又让它滑下了万丈深渊，在荣格看来，再也没有比进行此种无效、无望的劳动更为严厉的惩罚了。

更令人沮丧的是，荣格看到了毕加索的冷漠，他冷冰冰地告诉人们，实际上这个世界并不需要人类以及人类引以为荣的崇高理性精神。它是一个可以自足的精神体，无需任何观众，无论你对它的评价是好、还是坏，你对它充满恐惧、还是饱含着感激，它都表示出漠然的态度，正像荣格转述他叔父对他说的话：“你知道在地狱里魔鬼是怎样折磨灵魂的吗……他让它们期待着。”[3]于是，在无止境等待中的冷酷的悲剧气氛就像那“无需任何观者的景色”一样，折磨着人类灵魂。自然就像一个冷冰冰的教父，用蔑视的、空洞的、深邃的眼神注视着人类，它在人类灵魂中写下情结二字，并让心灵背负着它，总在不经意间表露在人类精神最高成就的象征——文学和艺术作品之中。同样，荣格也在这种期待中感受到痛苦，他在无数文学和艺术作品

---

① 〔瑞士〕荣格著，冯川编：《荣格文集》，冯川、苏克译，第281页。

② 同上。

③ 同上书，第252页。

里、在许许多多的患有心理疾病的病人身上以及对现代文明的怀疑之中，不断感受到来自潜意识深处的折磨。当他离开欧洲去往非洲和美洲的土著人中间的时候，他的痛苦才有所减轻，他在一个看似全新、实则是保存人类最古老生活方式的世界里，找到了疗救现代人精神病症的药方，他发现这个世界实质上是埋藏在现代人集体情结之下的记忆，它既来自于祖先，同时又在现代艺术作品中不断得以充实。

荣格对情结的定义来自于他对自然精神的准确把握。他在阅读每一件叩击现代灵魂的文学和艺术作品的时候，总是会将它同自然联系起来，他总是试图将这些作品所表现的心理情结同人类对自然的理解统一起来。他甚至将人类的创作才能比作动物的本能，在他眼中，乔伊斯的创作更像是一只冷血的蠕虫的行为，那是只有冷血动物才能够完成的伟大壮举，①因为他的作品已经超出了人类所能接受的程度，他将人类灵魂中最胆怯、最卑微、最隐秘的部分暴露在光天化日之下，他让一个苦闷孤独的灵魂游荡于人间。更为绝妙的是，直到现在人们还在那样一个荒诞的日子做着同样的事，他们妄图追寻那个灵魂的足迹，他们希望体会他的感受、理解他的思想，并以此为荣，都柏林竟因此成为全世界最著名的旅游城市之一。

都柏林让它的每一参观者做了同样的梦：一只奇异的蠕虫正爬在案头写作，从它的脚边突然窜出一只巨大的甲虫，它向人们张牙舞爪，却希望人拯救它，使之变回到人形。观者似乎陷入到一个神秘而荒诞的梦中，在梦的尽头，荣格出现先了，他正挥舞着马戏团的魔术棒，让这些动物全都按照既定的方式去运动，观者的灵魂也跟着它上下飞舞。这是一个永无止境的噩梦，没有人能够从中醒来并脱逃出去。在这个梦中，人与动物并没有丝毫差别，动物可以完成所有人类引以为荣的行为，并在精神上达到甚至超越人类。人们可以看到在空气中飘浮着的一切生物的灵魂，就像祖先在广阔自然中所见到的自然界一切奇迹那样，它们全都充满了自主的、活着的、能动的灵魂，人们将其视作伟大的自然的杰作，并重新唤醒原始记忆中的敬畏与崇拜感。情结在这个时候渐渐褪去，自然原型显现出它的力量，荣格向观者大声呼喊，只有自然能够拯救人类的灵魂。在这个时候，观者却失去了语言的表达能力，大脑里一片空白，只看到文学和艺术作品上升腾起的烟雾，它们不再是荣格所说的“冷漠的烟雾”，而是充满了无数华丽的色彩：绿色象征了植物、蓝色象征了海洋、黑色象征了山脉、黄色则象征了猛兽等，这些意象全都曾反复出现在荣格对文学艺术的评论当中，他把这些评述变成对自然

---

① 〔瑞士〕荣格著，冯川编：《荣格文集》，冯川、苏克译，第253页。

的赞颂，并让这些色彩披上神秘的外衣，仿佛是在讲述故事，而非在做冰冷的学术研究。当一个享誉世界的最伟大作品《尤利西斯》被荣格比作自然界最令人厌恶的绦虫及其生命的衍生的时候，这种将人类精神成就的最高象征同自然界最低等生物混为一谈的做法，却在每一个荣格及其学说的崇拜者心中激起最深层的恐惧，它所引起人类的绝望甚至超出了作品本身及其表现力的极限，“这条虫的整个生存宇宙就是它自己，它具有荒谬绝伦的多产生殖能力”①。

总之，借助荒诞的、调侃式的语言，荣格把他的经典的情结理论描述到露骨的程度。富有讽刺意味的是，在荣格眼里，所谓人类的精神生活同一只蠕虫在自然界中的全部无意识活动并没有本质差别，人类的心理情结只不过是人类反抗自然“超我”的集中体现。原始人早已认识到这一点，只是现代文明却极力排斥潜意识的影响，因此，精神危机就成为这个时代里最引人关注的话题之一。荣格对自然万物的评价以及对人类精神的理解，都对当代生态思想有着重要的价值和意义。荣格在其艺术评论中所描绘的精神世界，或许正是拯救人类精神危机和当代生态危机的坦途。

① 〔瑞士〕荣格著，冯川编：《荣格文集》，冯川、苏克译，第254页。

第三章　自然与心灵的关系

荣格的生态思想主要体现在他对自然精神与人类心灵关系的认识上，包括自然中的精神、自然精神同生态无意识心理的关系、自然精神对人类心灵的作用、文学原型与自然精神之间的内在联系以及作家的回归情结等多个方面。

第一节　自然中的精神

一、自然拥有精神

在《生态批评的空间》一书中，鲁枢元先生收录了他同余谋昌先生的一篇通信。在该篇通信中，余谋昌提到关于是否存在有生态精神这个重要问题。他们一致认为，自然是拥有精神的，即生态精神是存在的，并且，自然精神对人类精神有着重要的影响。

从历史上来看，人类对宇宙精神、自然精神等问题的探讨并非仅仅从当代生态主义学者开始，早在柏拉图的时代，哲学家们就开始注意并研究自然精神的问题。但是，当代生态主义者所说的自然精神与哲学中的自然精神问题并非是同一个概念。生态主义学者认为，自然同人类一样，是存在着精神的。有的生态主义者甚至认为整个地球就是一个活体，拥有自己的智慧、精神以及生命意义，存在于地球上的每一个生物、非生物都是构成这个活体的一部分。自然本身有其内在目的性，绝非仅仅为了人类而存在，并且，人类与自然界其他物种之间的地位应当是平等的，人类并不因为拥有智慧就高于万物。“盖亚假说”、土地伦理等生态理论都持有类似观点，此类理论构筑了新的“人地关系”。

承认自然拥有精神，实质上就是肯定自然的地位，同时也是对人类中心主义观念的否定。提出自然拥有精神的内在目的在于转变人类对自身以及宇宙万物的态度。但是，自然精神并非是高居于人类精神之上、如同上帝般的存在物，相反，它内在于人类心灵与精神当中、体现宇宙万物与人类精神之间的内在关系。如爱默生所言："精神这一最高的存在并不是在我们的周围建立一个自然，而是让自然渗入到我们的生命中，就像树的生命通过其枝叶上的'毛孔'长出新的枝叶。"①

相应地，在人的精神与自然精神相互关联的体系中，文学、艺术家对自然的描绘以及对自然精神的追溯，才能够同人类心灵对自然本真的回溯保持一致。正如歌德所说，"假使一个艺术家不是紧紧地依靠自然和思考自然、他就会越来越远离艺术的基本原则，而他的虚拟离简单模仿和独特风格就越远，也就越空洞，越没有意义"②。这也解释了在集体潜意识层面上，文学艺术家对自然和宇宙万物倾心关注的内在原因，即人类心灵对自然精神的向往与回归。

借助文学和艺术作品，文学艺术家表达了人类精神与自然精神之间的内在关系。一方面，他们希望借此修正人类对自然的某些心理偏执；另一方面，文学艺术作品对自然的观照，激发了阅读者灵魂深处的原始记忆。可以这样认为：文学艺术中的原型意象是人类心灵在自然精神影响下的外化表现，对文学与人类心灵之间关系的探索可以追溯到自然精神与人类灵魂之间最原初的关系上。所以，在荣格的心理学体系里，自然原型是所有原型中最为基础的一种，甚至可以说，自然原型是其他所有原型的最初来源。自然精神这一观念的提出唤醒了沉睡于人类灵魂深处的记忆——某种梦幻般的、神秘的、浪漫式的记忆，自然精神存在于那些对自然饱含深情、堪称经典的文学和艺术作品中。在文学和艺术的世界里，整个生态系统就是一个活体，它是一个活跃的、可以自我调节的、有机的甚至是富含情感的活体。

自然精神这一观念的提出还有其深刻的现实原因，正如鲁枢元先生所指出的那样，将整个地球视作一个完整的生态系统，并且拥有独立的精神，其目的是为了解决目前人类所面临的生态危机。戴维斯(Paul Davis)的观点为此提供了哲学依据："我们知道了宇宙中存在着精神，精神是一种抽象的、整体的组织模式，甚至可以离体存在。"③自然精神的存在也诠释了荣格分析心理学的内在目的。治疗人类的精神病症始终是荣格心理学研究的一

---

① 〔美〕爱默生：《自然沉思录》，博凡译，第69页。

② 〔德〕歌德：《论文学艺术》，范大灿、安书祉、黄燎宇等译，上海，上海人民出版社，2005年，第1版，第9～10页。

③ 〔英〕保罗·戴维斯：《上帝与新物理学》，徐培译，长沙，湖南科学技术出版社，1995年，第1版，第250～251页。

个重要目标,挖掘人类内心深处的自然精神,并使之与生态精神相融合,是他为解决人类精神危机所做的努力。同一些生态主义者的观点类似,荣格也将现代人类的精神危机归结于现代人对自然和宇宙的认识上,解决生态危机同解决人类的精神危机是同一个过程,承认生态精神及其存在价值是其首要步骤。

就像荣格在其自传中所记述的,土著人的生存智慧似乎是最合于自然的,他们的心灵与自然相通。荣格希望在现代人心灵中也恢复这种智慧。因此,荣格倡导的回归是一种心灵上的回归,冯川所说的精神家园就是对此所作的一种形象描绘,其目的是为了建立一个自然精神的家园——摆脱"适者生存"的偏执、疗救自我的精神病症。

当代生态主义者对生态精神的阐述大量借鉴和吸收了荣格的心理学理论和他的生态观。他们不仅承认人类集体心理同整个自然之间的内在联系,而且希望能够将人类精神最终引向真正的生态精神。同那些追求自然、向往荒野生活的浪漫主义文学家相比,荣格和现代生态精神的倡导者们则更为理性,他们希望能够将文学家的理想变成医治现代人心理问题的药剂。

在后现代理论家的理论中,自然精神也是一个非常重要的范畴。尤其是在建设性后现代思想家的著作里,生态精神几乎成为他们哲学思想体系中的一个核心概念。建设性后现代思想家们希望建立一个人类精神同宇宙精神相统一的新的世界观体系,同荣格的生态观相比,这一梦想似乎更为宏大,就像一些生态主义者希望改变人类对待自然的态度那样,他们希望彻底纠正人类对整个自然的态度。

生态精神具有深刻的哲学内涵,认为自然存在着与人类一样的精神、整个地球是一个拥有智慧的自在有机体的思想,不仅仅是一种态度,更是一种新的世界观和思维方式。在人类中心主义的思维方式下,人的精神很难与生态精神相沟通,在地位上,后者始终是作为被动的服务者而存在——自然的存在只是作为人类存在的背景。以生态精神为核心的新的世界观,则希望将自然放置于世界的中心,人类的存在是自然存在的一部分。就像在历史上能够拥有智慧一直以来被奉为人类高居于万物的尺度那样,生态精神成为人类衡量自我行为以及修正人类在自然中地位的新标准。人类拥有的智慧只是生态智慧的一部分,一旦人类妄图摆脱、超越甚至奴役自然的时候,人类精神就会因远离自然精神而产生种种病症。

荣格的生态观尤其是"原型"理论中的生态精神,是从心理学角度探讨文学与心灵关系的基础,蕴藏在人类灵魂深处的生态精神是产生文学艺术等复杂精神活动的最为原初的心理动因。文学艺术作品中作家对自然的热爱、向往和追求的心理，从属于生态精神影响下的集体无意识精神。因此，从生态精神的角度来说，文学艺术之所以能够对人类精神病症起到疗救的作用，也正是因为它能够更好地诠释人的精神和自然精神之间的关系。

二、自然精神的呈现

同那些相信地球是个巨大活体的生态主义者一样，荣格对自然拥有精神这个问题也是持肯定态度的。关于这一点，他的自传以及他对自然和人类心灵关系的认识即可证明。对于荣格来说，自然精神的存在正是人类集体无意识存在的一种有力支持：在自然精神影响下，民族原始记忆具有相似的特征，它潜藏于该民族每一个成员的灵魂深处。

在荣格看来，文学艺术作品、文学艺术现象以及文学艺术家是一组非常特殊的研究对象，那些能够表现人类精神同自然万物之间关系的作品是荣格心理学研究的重要内容。荣格在研究文学艺术的心理内容时，尤其关注这类文学艺术作品所反映的人类心灵与自然之间的关系。在《心理学与文学》一文中，荣格曾认为文学和艺术代表人类心灵的最高成就。

心理学之所以能够应用于文学研究，其原因在于："人类的精神孕育了一切艺术和科学，所以对精神之探索也就应该一方面能够解释一件艺术作品的心理结构，另一方面揭示出使一个人具有艺术创造力的因素。"①探索艺术作品背后的心理动因，尤其是集体无意识心理因素，是荣格心理学研究的核心目标。但是，荣格的心理学研究并非是科学实验，并非通过精确测量来检验人类心灵与文学创作活动之间的关系，荣格的心理学研究论文甚至可以被看作是文学作品。荣格认为，虽然文学或艺术"作品的内容总是来自于有意识的人类经验世界——可以说，是出自生命的心理表层"②，但是在很多时候，文学创作活动超越了意识的范畴，例如，一些作家甚至很难在一部作品被创造出来之后回忆起当时的创作状态。在集体无意识范畴内，文学作品所反映的人类精神都来源于同一个地方——人类的自然天性，它几乎渗透在文学和艺术作品的每一个层面，所有相类似的主题都是人类自然本性的表现。实际上，文学艺术作品的创作活动很难被意识所察觉，作家心灵往往沉浸在一种迷狂状态下，其身心完全被潜意识所控制。例如，在分析《浮士德》的时候，荣格甚至用这样的词汇来完成一篇本应严肃、理性的心理学研究论文：

---

① 〔瑞士〕荣格：《人、艺术和文学中的精神》，孔长安、丁刚译，第 85 页。

② 同上书，第 88 页。

> 那为了艺术表现而修饰素材的经验再也不为我们所熟知。它是源自人类心灵深处的怪诞之物,或如出自洪荒时代之无底深远,或如出自光明黑暗截然分明之超人世界。它是超越人类理解范围的原始经验,而弱小的人类则极易沦为附庸。这一经验如庞然大物予自身以价值和冲毁之力。它雄伟庄严、意味深长,但又以怪诞震骇着人心。他来自无限的深远,惑人眼目,魔力无边,奇形怪状。它粉碎了人类的价值标准和美学规范,它是可怕的永恒之混乱的纠结,是"犯了背叛全人类的大罪"……①

此时的荣格,似乎像一头发了狂的猛兽,他似乎忘记了自己所做的事业原本是科学研究,应当用"科学"的语言来解释作品背后的心理动因。相反,他却大胆地使用奔放的、充满着激情的语言来描绘那无法言说、难以形容的潜意识的伟大作用。他几乎全然忘掉了作品本身,完全陷入作品给灵魂带来的激情之中,并试图用一种澎湃的、与此种激情相对应的语言来创造一个摈弃了理性、只凭借幻想而存在的"研究论文"。浮士德的人生经历感染了荣格,在浮士德身上,荣格似乎实现了他自己的梦想:那是一个人类与自然相处的伟大幻觉。虽然这并非荣格所赞成的人类的终极存在状态,但是他突然领悟到在歌德作品背后隐藏着的人类的自然本性。就像他所做的那个梦一样,当他揭开石板,走向更为广阔而深远的地方的时候,他看到了广袤的原始森林、一望无际的草原以及壮阔的高山和大川。他超越了弗洛伊德,甚至超越了人类个体精神的极限,他在自己的灵魂尽头看到了整个自然和宇宙的精神。而且,浮士德的激情绝不仅仅是一个幻觉,它是人类从诞生之日起就在追寻的理想。浮士德希望征服自然和宇宙的愿望象征了人类灵魂深处的欲望。这欲望就像是一个"无底的深渊",它令文学艺术家的精神完全陷入到黑暗的、不可企及的幻觉之境,在那里,他们的心灵彻底迷失在人类自然本性的汪洋之中,他们看到的种种怪诞形象都是集体无意识的自我呈现。他们用尽可能让读者理解的文字和段落来表现这些形象,却迷失在受众更为深邃的集体无意识当中。作家的幻觉和读者的幻觉以及评论家的幻觉,全部都被某个神秘力量牢牢控制起来,就像一个可怕的噩梦。读者看到了,读者感受到了,却无法行动,无法言说,只能够任由身体坠向黑暗和不可知的深渊。那些经典的文学作品正是在这样的心理状态下完成的,它们唤起的激情也是在这样的心理状态下得以渲染,并无限膨胀起来。

---

① 〔瑞士〕荣格:《人、艺术和文学中的精神》,孔长安、丁刚译,第89页。

就连文学评论家之外的心理学研究者也难免会受到此种激情的影响，做出比评论家、甚至比作品本身更为激进的结论。恰如荣格这样，他的每个段落几乎都超越了任何一个严肃的科学家所能容忍的限度，他本应该用更为精确的、理性的语言来描绘人类在集体无意识精神影响下如何创作出属于自然本性的文学作品的，但是他却用模糊不清的、梦幻般的语言遮蔽了他的研究结论。这足以说明，他的研究已经触及到了集体无意识的边缘，那是一个用理性和语言难以描述的地方。他创造了一个奇幻的世界，他仿佛把自己的心理学研究实验室放进了原始森林，在那里，仅凭耳边传来的无数种鸟鸣就可以理解他的所有观点，但是你却说不出其中任何一种鸟的名字。在心灵深处，那神秘的、黑暗的、不知名的地方，意识解除了它对潜意识的戒备，潜意识驱走了压抑的力量，它流入文本当中，埋伏在字里行间，在不经意的时候突然窜入阅读者的内心深处，如同一枚石子落入清澈、宁静的湖水之中，在被激起的层层水波之间，或是泛起的银色水花之上，是人类灵魂深处最为原始的自然的记忆。在这种幻觉中，文学作品被剥离了装帧精美的包装、华美的词句、离奇的结构以及丰沛的想象，它们全都掉落在潜意识的湖底，显露在外的只有艺术家真诚的灵魂，它同读者的心灵并无二致。

即使荣格一再宣称心理学家对文学作品的研究同文学批评者之间的差别，但是他对人类精神问题的关注却同文学家以及生态批评者们如出一辙。这明显超越了心理学作为一般科学研究的范畴。荣格还将人类学研究置于文学心理学的研究当中，他把文学创造活动的意识之源推演到最为远古的人类记忆。在现代人的种种精神活动背后，全都隐藏着集体无意识的痕迹，它更像是一个梦幻般的场景，我们只有在梦中或是童年时期才能够感受到。就像荣格所列举的各种意象："替代宙斯的雄鹰或传说中的大鹏的是一架飞机，与龙王拼搏成了一次铁路撞车事故；杀死龙的英雄是一个男高音歌唱演员；大地之母是一个卖菜的胖妇，拐去普西芬尼的普路托是一个大大咧咧的司机……"①在现代外衣下的古代幻象竟然如此真实，以至于一些富于幻想的现代科学家和人类学家们都开始怀疑，那些古代神话传说中记载的种种怪异的非自然形象是否来源于真实的自然，也许那些古埃及金字塔正是遥远外星生物在地球的"飞机场"。

在集体无意识之中，文学作品幻化为一个复杂的综合体，它包含人类的原始记忆、人类的原始经验、现代人的经验以及梦、神话传说和童话故事等等。复杂的潜意识内容和原型意象让文学的表现力变得模糊不清，却能够

① 〔瑞士〕荣格：《人、艺术和文学中的精神》，孔长安、丁刚译，第 97 页。

引起阅读者心灵的震颤。起初，语言无法表达这种震颤，但是在语言失去其效用的时候，却激发了文学创作者和阅读者潜意识深处共同的记忆。荣格相信这记忆是伴随人类的进化而传承下来的，他甚至相信，即使是原始人那些神秘怪诞的梦也都被保存在人类的遗传基因中成为现代人幻觉和梦的基础。荣格的想象力已经超越了现代科学，甚至文学作品的限度，但是他的学说却让其崇拜者坚信不疑。他似乎更相信梦给予人类的启示，就像他自己在梦境中受到的启示那样，他甚至希望能够在“梦”这一人类的精神活动中找到自然的真正启示，并以此来解释那些呈现人类灵魂深处潜意识的文学作品的精神意义。荣格似乎是在梦中完成对所有文学作品的阅读，他不仅在梦中同歌德相遇，聆听他的心跳，并亲眼目睹他的创作过程，而且他向更为深邃而神秘的灵魂深处探寻，最终看到人类心灵是如何将文字转变成能够叩击读者心扉的文学作品。

三、生态无意识

对于现代生态主义者而言，梭罗是生态保护运动的先驱，但是，以梭罗为代表的诗人对现代文明的逃避并非自然精神影响下人类心灵的全部内容，如果把这种影响看成是一座冰山的话，那么此种行为就只是冰山露在水面外的一角。

当卡森最后完成并出版了她的《寂静的春天》之后，藏在水下的巨大冰山才得以显露。该书的出版引起轩然大波，它将生态主义、环境保护运动推向高潮，《寂静的春天》也因此被誉为环境保护运动的“圣经”。人类开始重新认识自身同自然之间的关系，并且意识到人类给自然带来了巨大的破坏，其中有很大一部分是不可逆转的。之所以被称为“圣经”，还在于它为人类的发展指明了方向，就像上帝的十条戒律，专为限制人类不惜一切代价满足欲望的行径而立，不同的是，《寂静的春天》采用较为温和、婉转的方式，而非郑重其事的律文，全书充满了浪漫主义色彩，文字之间流淌着温柔的气息，但是，在文字的背后却隐藏着沉重的悲痛和不可遏制的愤怒。《寂静的春天》标志着文学开始关注生态问题，文学的生态意识由此而生。

《寂静的春天》有意识地以文学形式来表达生态思想，将文学作品的视角从人类转向自然，它对文学史具有开创性意义。与生态主义者和环境伦理学家不同，卡森的作品更像是寓言——不久之后即被证实，这也让她成为具有“先知”般神秘色彩的人物。

“寂静”一词具有非常深刻的象征意义，它不再指向安逸和宁静，而是象征了破坏、死亡和毁灭。在人类活动之下，自然界其他生物的生存受到严重威胁，人类发展得越快，其他物种灭绝的速度也就越快，很多物种如鸟类等遭到灭顶之灾，因而，自然不再充满动听、悦耳的声音，"春天"也不再是万物复苏、鸟语花香的代名词，或许下一个春天，人们再也听不到熟悉、甜美的自然之音。然而人类并没有因此得到好处，死神绕过自然，最终追上人类——杀虫剂通过自然循环回到人类体内类。"寂静"不仅意味着自然的毁灭，还象征人类的灾难。直到这一天，人类才开始认识到公正地对待自然就是善待自己。

与梭罗的《瓦尔登湖》相比，卡森的作品和观点更为激进，她揭示了梭罗逃离人世的深层心理动机。人类原本是生存在自然当中的，不可能脱离自然，但是人类一直没有放弃摆脱自然控制的企图。欲望违背了人类的本性，并将人类引向毁灭。梭罗逃往荒野，正是因为他看到了人类的偏执，他试图用自己的行动来对抗现代社会的主流思潮。但是他的行为是出于无意识的引导，他并没有看到促使其逃向自然的真正原因，他只是希望借助这样的行为让自己的心灵回归自然精神。他的隐居生活，更多的是为了逃避人世间的烦恼。

卡森为梭罗的行为做了注解，她认为人类对自然所做的一切，最终都会返回到人类身上。人类妄图改造自然的行径最终却为自己和整个自然界都带来了灾难，当人们满怀信心地认为自己已经可以控制自然的时候，却发现自己陷入了可怕的生态危机，"这确实是一个令人痛心的讽刺"①，人类在发展过程中不断被自己的偏执误导。越来越多的人站出来对人类破坏自然、拼命从自然中索取的行为提出质疑，梭罗就是其中之一，梭罗的行为代表了个体的思考，而卡森的作品则为梭罗的行为提供了依据，并且给抨击梭罗行为的人以重大打击。在卡森的时代，梭罗已经成为人类精神追求的榜样。人类开始真正意识到自然的价值——并非自然的审美价值，而是自然的存在意义和自然的精神。

卡森的思想价值在于她用最能代表人类智慧的文学手段表达了对人类文明的怀疑。它让人类几千年自命不凡的伟大成就毁于一旦。她认为，"现在，我们正站在两条道路的交叉口上"②，一条是继续高速发展下去、完全不顾及自然的承受力和其他物种的生存权利的道路，这条路最终会将人类引

---

① 〔美〕蕾切尔·卡森：《寂静的春天》，吕瑞兰、李长生译，上海，上海译文出版社，2011年，第1版，第241页。

② 同上书，第275页。

向灭亡;另一条路则是一条“人迹罕至”[1]的路:尊重自然权利,将自然界的其他物种视作与人类平等的道路。虽然第二条路需要人类付出极大的代价,克服内心深处的恐惧和对自然的偏见以及自私自利的本性,但这却是一条能让人类避免毁灭之路。卡森因其观点而超越前人,并为后人指明了未来。几千年前,伊索用动物的行为来比拟人类的活动,以告诫人类不要犯下愚蠢的错误,在他的故事中,动物成为人类的镜子。几千年后,卡森写下另一个寓言,在卡森的故事中,动物都消失了,人类也就失去了自己的镜子,人类满足于文明的成就,对于自己的行为,无法再做出正确的评价,最终走向灾难。

卡森的自然观是人类生态意识的一个重要方面,她代表了悲观主义者的立场。但是,也有一部分学者对人类正在面对的生态灾难持较为乐观的态度。同卡森相比,托马斯对未来充满更乐观的期待。他在《人类与自然世界》一书中分析了1500年至1800年这三百年间英国人对自然观念的变化,不断变化的观念反映了人类与自然关系的变化。他认为人类能够逐渐修正其自然观,并逐渐改善人与自然的关系。正是因为人类在发展过程中并没有忘记反思自己的行为,也正是因为有梭罗这样的智者存在,人类才有可能从偏执的道路上走回来,如其所说,“并不是每一个人都认为世界专为人类创造,认为自然是令人畏惧、让人征服的,认为低级物种没有权利或者人与牲畜之间的差异不可逾越……如果我们透过表层向下深究,会发现种种在对待动物时有负疚、不安、防卫的迹象”[2]。人类对自然的恐惧来自远古的记忆,但是人类集体无意识精神中并非只有恐惧和敌对,随着历史的演进,人类原始记忆中亲近自然、敬畏自然的情感也可能会发挥重要作用。

托马斯的研究亦可作为解释梭罗、卡森等人行为和观点的绝佳注脚,他的著作表明人类生态意识的形成并非一朝一夕,而是经历了一个长期复杂的过程。从源头上看,远古时期人类对自然的态度是人类自然观的基础,主要反映在神话传说中。一部分神话表现人类在诞生初期为了生存同自然进行的抗争,例如精卫填海、夸父逐日等故事,这些故事在人类潜意识深处形成了人与自然对抗的观念,是促使人类征服自然的原始动因;另一些传说故事则表现人类与自然之间和睦,表达人类对自然万物的敬畏,虽然这些故事在人类历史上曾经被边缘化,但是它们对人类生态意识的形成却是非常重

---

① 〔美〕蕾切尔·卡森:《寂静的春天》,吕瑞兰、李长生译,第276页。

② 〔英〕基思·托马斯:《人类与自然世界(1500—1800年间英国观念的变化)》,宋丽丽译,第41页。

要的，它也是集体无意识的组成部分。托马斯相信近代人类的发展也是一个人类中心主义逐渐消亡的过程。到了17世纪后期，人类中心主义观念开始瓦解，“世界不只是为了人类而存在，明确地接受这种观点在相当程度上被认为是现代西方思想中的一场重要革命”[①]。就像哥白尼当初发现地球并非宇宙的中心一样，人类中心主义的衰亡也是一场重要的思想革命，人类必须为自然设立一个公平的位置。当人类能够意识到自然也具有独立精神（它高于、先于人类精神而存在）的时候，人类才具备真正的生态意识。

同人类意识一样，生态意识也是受到无意识影响的，影响生态意识的潜意识心理可以被称为生态无意识心理。相应地，生态意识并非文学生态观的全部内容，在它之下还有更深的无意识精神。文学的生态意识作为现代人类思想转变的突出体现，受到生态无意识的影响。劳伦斯·布伊尔（Lawrence Buell）在《为濒危的世界写作》一书的导论中初步探讨了生态无意识的基本问题，他将生态无意识称为“作为对物理环境及其与人相互依存的完全觉醒领悟的一种残余能力”[②]。生态潜意识是一种多变的、极难把握的、却对人类集体生态心理产生决定性影响的潜意识精神，它是连接个人与集体、人类群体与自然环境的精神纽带。

劳伦斯·布伊尔在他的著作中选用了大量文学作品来印证生态伦理和生态无意识的基本理论，可见，文学作品是最能够承担人类生态无意识精神的载体。文学作品对自然的生动描绘是作家对自然亲身体验的结果，作家对自然的热爱似乎是一种与生俱来的品质。在文学作品当中，自然审美成为自然价值最重要体现方式，作家对自然美的发掘深刻影响了受众心理。但这并非文学之于自然的全部价值。当自然作为应当拥有与人类平等地位的存在物并被引入生态伦理学研究和人类道德领域的时候，文学也受其影响，于始从单纯的美学追求向更高的层次迈进。文学对自然景观的描绘不再意味着单纯的审美判断，因为审美本身也是出于人类中心主义的立场。新的自然价值和意义隐藏在自然美的背后，文学的目的不再只是为了单纯地表现自然美以及对人类破坏自然美的行为进行痛斥，文学将道德评价引入人类对自然的观照之中。

作家、诗人开始为自然获得与人类平等的地位而努力，在这个目的下，

---

① 〔英〕基思·托马斯：《人类与自然世界(1500—1800年间英国观念的变化)》，宋丽丽译，第163页。

② 〔美〕劳伦斯·布伊尔：《为濒危的世界写作——美国及其他地区的文学、文化和环境》，岳友熙译.北京，人民出版社，2015年，第1版，第25页。

他们创作作品才是真正具有生态意识的文学。在拥有生态意识的文学作品当中,人与自然是一体的,自然不再是人类的“他者”。正如托马斯看到的那样,近代生态保护运动的开展,已经超越了对自然外在美的追求,例如对树木的认识,从“规划设计”到“渴望舒心的环境”再到认为自然物“具有内在美的感情”①,人类最终超越自我,将灵魂的追求同自然精神连接起来树木的内涵及其象征意义实质上源于自然对人类内心深处的影响,人类在潜意识中始终把自然看作是自身的投射。这一观念植根于人类的生物本能,人类不可能将意识同自然精神相分离。

就18世纪以来的文学作品和文学批评而言,文学的生态意识是受到近代环境保护运动影响的,环境保护者通过大量的努力使得环境主义、生态主义逐渐成为一种思潮,最终催生了蓬勃的生态运动。生态保护运动对现代文学的影响非常巨大,作家的目光开始从人类社会投射到更为广阔的荒野。

就像近代环境保护运动的兴起一样,文学的生态转向也是人类心理转向的结果。托马斯明确指出:“不再惧怕野生动物的新安全感致使人们日益关注保护鸟类与保护自然状态中的野生动物。”②所谓“新安全感”包含了非常复杂的内容,它其实是荣格所说的原始记忆进化的产物。荣格认为人类记忆当中始终保存着远古时代人类对自然的恐惧,这种恐惧虽然因为人类的发展逐渐转变成为潜意识的一部分,被压抑在内心深处,但是它仍旧对人类的意识构不可忽视的影响,并在日常生活中依然扮演重要作用。相对于托马斯所说的“新安全感”而言,这一原始记忆可被看作是人类集体记忆深处的“旧恐惧感”。随着人类历史的发展,旧恐惧感中的很大一部分逐渐转变为无止境的欲望,它虽然在物质层面上让人类享受到前所未有的安全感,但是在精神层面上却并没有让人的灵魂走向安宁,人们对野生动物的“旧恐惧感”始终影响着人类对待自然和其他生物的态度。然而,“旧恐惧感”中的另外一部分却转变为敬畏感,它是产生“新安全感”的原因。直到生态思想产生之后,它才重新受到关注。

因此,生态意识产生的根源并非自然审美、也非自然的道德追求,而是出于人类的集体无意识精神。集体无意识的主要内容就是原型,与之相对应,生态无意识的内容也就是生态原型。在文学作品当中,生态原型

---

① 〔英〕基思·托马斯:《人类与自然世界(1500—1800年间英国观念的变化)》,宋丽丽译,第223~224页。

② 同上书,第305页。

随处可见。例如，威廉·布莱克(William Blake)所说的“每一种生物都很神圣”[①]。在诗人眼里，自然是神圣的。每一种自然物都具有象征意义，这也成为自然全美主义的来源。诗人还给自然以平等的地位。从这一点来看，生态无意识作为深层心理原因，引发了文学的生态转向，“正是城镇居民对回归荒野寻求精神重生的不断呼唤，才激发了后来保护山林景观，保护大片荒地与沼泽，不然它们全部被人类进步吞没的运动”[②]。正是诗人通过文学作品表达出他们对回归荒野、回归自然精神的渴望，才唤醒了人类对自然的敬畏之情，并引发人类对生态问题和人的精神问题的关注：“‘控制自然’这个词是一个妄自尊大的想象产物，是当生物学和哲学还处于低级幼稚阶段时的产物。”[③]其实这个词同样也是人类意识处于低级状态下的产物，是人类诞生初期由恐惧感所产生的精神偏执。文学作品反映的人与自然之间的紧张关系，正是生态无意识之下人类精神病症的写照。因此，作为深层心理因素，生态无意识既影响人类对自然的判断，也影响了现代文学对自然的态度和对人类自身行为的反思。

第二节　自然精神对人类心灵的作用

一、自然在心灵形成过程中的作用

在荣格的心理学体系中，自然具有特殊的地位，荣格在他的心理学研究过程中始终没有忽视对自然的关注。自然对人类心灵具有重要意义，“心灵不是天生定型、一成不变的，而是其自身不断发展的产物”[④]。人类心灵的形成和发展建立在自然本能的基础上——人类的自然本能对无意识起到了非常关键的作用。虽然本能并不完全等同于无意识，它只是作为无意识的一部分存在于人类心灵当中的，但是，本能与无意识之间关系却能够揭示自

---

① 转引自〔英〕基思·托马斯：《人类与自然世界(1500—1800 年间英国观念的变化)》，宋丽丽译，第 304～305 页。

② 〔英〕基思·托马斯：《人类与自然世界(1500—1800 年间英国观念的变化)》，宋丽丽译，第 270 页。

③ 〔美〕蕾切尔·卡森：《寂静的春天》，吕瑞兰、李长生译，第 295 页。

④ 〔瑞士〕荣格：《转化的象征——精神分裂症的前兆分析》，孙立明、石小竹译，第 6 页，本段引自该书“瑞士第三版序言”。

然在人类心灵形成过程中的作用。因此,在研究本能与无意识的关系之前,有必要对本能的起源问题进行梳理。

根据 Joseph Campbell 的观点,"原型"一词最早是在荣格对本能与无意识之间关系的阐述中提出的。① 荣格认为,本能的起源问题是非常复杂的。本能同潜意识一样,都属于人类集体无意识的部分。本能的特征中包含了人类对自然的最初认识。荣格认为,本能是"一种趋向某种活动的冲动。这种冲动可能发自一种外在的或内在的刺激,这些刺激或在心理上,或通过位于心理因果关系疆域之外的机体动力而打开本能的机制。每一种心理现象都是本能的——其发生并无明确的意志动因,而是发自躁动不息的冲动"②。就荣格对本能与无意识所做的分析来看,本能是一种具有"来自遗传的"③、普遍一致、反复发生等几个特征的人类心理,本能是连接人的自然本性同意识之间的桥梁。本能在人类心灵中的地位反映了自然在人类心灵形成初期的作用。

由于受到当时盛行的达尔文进化论以及现代遗传学的影响,荣格虽然认为本能是现代人从祖先那里继承下来的,但是他并不认为祖先记忆是人类本能的真正来源,相反,祖先的记忆只是人类本能最原始的承载体。所以,本能在人类的原始祖先和非人类生物的身上要表现得更为明显,而现代人的本能只在不经意间流露出来。本能最为突出的一个表现就是它的自然冲动,它看似是一种无目的无意识活动,实质上却带有内在目的性。

在荣格的心理学体系里,本能是包含在无意识当中的,所以,本能的起源同无意识的起源是一致的,对集体无意识起源的研究就成为考察本能起源问题的前提。既然集体无意识来自于人类祖先对自然和宇宙的最初认识,那么,本能的起源同自然的关系也是十分密切的。也就是说,人类的本能同动物本能一样,是自然赋予的。威尔伯对荣格的批评也从反面证明了

---

① 参见 Joseph Campbell, *The Portable Jung*, Ts, R. F. C. Hull, New York, The Viking Press, 1971, p. 52, "In this 'deeper' we also find the a priori, inborn forms of 'intuition', namely the archetypes of perception and apprehension, which are the necessary a priori determinants of all psychic processes. "他对荣格原文中"archetypes"一词做了如下注释:This is the first occasion on which Jung uses the term"archetype"(Archetypus).(此处,荣格第一次使用了"原型"一词。)

② 〔瑞士〕荣格:《心理类型——个体心理学》,储昭华等译,第 339 页。

③ 本能与遗传的关系是非常密切的,对此可以参见 Joseph Campbell, *The Portable Jung*, Ts, R. F. C. Hull, p. 50, 荣格认为:"Only those unconscious processes which are inherited, and occur uniformly and regularly, can be called instinctive. "(仅仅是那些通过遗传并且是一贯地、有规律地发生的无意识过程才能够称为本能。)

本能与无意识的密切关系，[①]作为一种深度的神秘经验，本能存在于包括人类在内的每一种自然生物之中的，威尔伯理论自身的悖论更进一步证明了本能与无意识的不可分割性。

自然通过本能对人类心灵产生影响，本能体现了原始人在自然状态下逐渐形成的固定的心理模式。正如莫斯科维奇(Serge Moscovici)所说："在生命意识中，生命进入人类文明时代时，保留了在动物蒙昧时代的痕迹，信仰和理智面对的是本能和内心欲望。"[②]因此，本能是很难被意识察觉的，理性往往会对本能进行曲解和纹饰，荣格更倾向于认为，对本能的理解同对原型意象的直觉体验有非常密切的联系。例如，荣格在很多关于集体无意识本能的研究论文中，经常提到恐惧这一重要的心理现象。在他看来，恐惧本身也属于人的本能，人在看到毒蛇等生物时所表现出的莫名恐慌，人类在面对自然灾害时表现出的恐惧，等等，都反映了自然对人类心灵的影响。当然，本能反映的主要还是自然对人类心灵最初的影响，是自然在人类心灵形成初期的烙印，但是，这个印记的影响却延续到现代人对自然的基本态度。在这个层面上，本能同原型之间有着非常密切的关系，原型象征了本能的自然来源。

在本能的基础上，人类心灵逐渐形成了对自然和宇宙的最初认识。本能是人类无意识中最接近自然的部分。本能对人的意识起到了非常重要的作用，它甚至先于人的意识活动对人的行为产生影响。因此，它被称为"自然冲动"是非常贴切的。只要人的无意识当中还存在着本能，人的意识就无法凌驾于自然之上，就必须受到自然精神的控制。荣格还认为，本能并非是人类通过后天学习而来，相反，本能是人类与生俱来的本领。可见，自然赋予人类心灵最为基础的内容，它们最终成为左右人类意识的潜意识内容。

本能并非人类无意识的全部内容，但是，在本能之外，集体无意识其他部分的形成也同样受到自然的作用。在本能之后，原型象征自然对人类心

① 〔美〕肯·威尔伯：《性、生态、灵性》，李明等译，第242～243页。威尔伯认为，荣格对无意识的解释近乎于视其为本能，但是在他看来，原型并非所有人都能够体验得到。他也因此对荣格进行了辛辣的讽刺：假如每个人都对原型具有深切地体验，那么"大量庸人都是非常优秀的人了"。但是，他的观念自身也存在着问题，假如原型并非作用于每个个体灵魂，那么我们便无法解释人类中那些优秀者是如何通过作品(文学或艺术作品)来感染大多数人的。同时，他对造成神话在原始人和现代人灵魂中不同地位的原因的解释也很难自圆其说。所以，按照荣格思想来看，准确地说，原型应当是存在于每个个体的灵魂深处，只是它在不同个体身上的表现有所差异。

② 〔法〕塞尔日·莫斯科维奇：《反自然的社会》，黄玉兰译，天津，天津人民出版社，2002年，第1版，第248页。显然，莫斯科维奇在这里所说的"生命意识"同荣格的集体无意识概念是一致的。

灵影响的第二个阶段。在荣格心理学体系中，原型被认为是人类对自然早期经验的象征。例如，荣格认为，人类神话中的种种形象都可以还原为自然原型，这些形象又成为人类文学和艺术的源头。同本能相比，自然原型对人类心灵的影响更进一层。荣格相信，原型是人类的集体记忆，来自于人类对自然的认识，当人类在生活中触及到与原型有关的东西时，这种记忆就会被触发。因此，文学和艺术在受众心灵深处引起的共鸣也反映了自然原型对人类心灵的影响。

同本能相比，原型同意识之间的距离更为接近。例如，在图腾崇拜中，原始图腾形象虽然来源于自然，但是这些形象往往经过意识的加工，很多图腾形象甚至是由各种自然生物拼凑而成。复杂的图腾形象反映自然在人们心灵中的深刻影响，人类对自然的情感都蕴含在这些图腾之中。例如，那些以自然物（动物、植物或者山川河流等）为崇拜对象的民族，图腾成为自然力量的象征，既能够保障该民族在自然中获取生存的权利，同时又是该民族的精神支柱。自然扎根于人类灵魂深处，人类对自然的感情全部浓缩于以图腾为代表的种种自然原型之中。

在原型这个阶段，自然对人类心灵的影响最为深刻。集体无意识的内容也是在这个阶段逐渐丰富起来的。从起源上来看，原型之所以能够成为集体无意识的主要内容，其原因就在于它体现了自然对人类心灵的影响。荣格时常列举一些生动的例子来证明自然在原型形成过程中的作用，自然促使原型扎根于人类的灵魂深处。原型对人类心灵的影响也远远超过本能的作用。例如，当人们在欣赏大自然的美景时会情不自禁地发出感慨，这种情绪就是超越本能之外的心理动机，是受到无意识控制的行为。再如，一些描绘奇异自然景观的优秀文学作品，它们能够引起读者的共鸣，甚至激发人们内心深处的某种情绪，虽然读者可能并没有亲身经历过这些景象，但是依旧能够感受到莫名的激情。这些心理动机和情绪感受都是在人类本能之外的，反映某种更深层的心理要素，是人类对自然本能依附的高层次反映，是自然在人类心灵中“塑造”的原型产生作用的结果。

原型来源于自然和宇宙，但是又需要经过人类心灵的雕琢。虽然无意识对意识起到了决定性作用，但是意识并非对无意识毫无意义，相反，人类的意识活动始终对无意识起着重要的反作用。原始图腾虽然反映了原始人对自然的早期认识，但是图腾的形象却在历史上不断变化，它反映了人类对自然认识的变迁，象征人类与自然关系的改变。原始图腾经历了一个被逐渐抽象化的过程，其后果就是人类逐渐淡忘了它们所象征的最初的自然原型，这些形象最终作为记忆中的一部分被埋藏在集体无意识深处。当原型被高度抽象化之后，自然对人类心灵影响的也进入了最为深层的阶段。原型的面貌变得越来越模糊，就像神话传说那样，越来越让人不可信，加之理性的排斥，自然对人类心灵的影响似乎变得更加薄弱，但是，在这个阶段，原型却以一种更为复杂、更难以把握的方式对人类心灵产生影响。荣格看到，即使现代人能够在很多层面上摆脱自然的束缚，甚至能够凭借科技的力量来改变自然，并使之为人类的需要服务，但是，在心理层面上，人类却并未能够摆脱对自然的原始恐惧和敬畏。而且，由于原型被披上神秘的外衣，人们更难以认清在无意识深处心灵的真正归宿，这也正是造成现代人找不到自我灵魂的原因。

总的来说，从本能到原型，再到抽象了的集体无意识中的原型，人类心灵在自我完善的同时将自然逐渐赶出了意识的空间，却无法将其驱逐出无意识的领域。在人类灵魂深处，自然用原型填补了集体无意识的全部内容，用宗教式的、浪漫的、神秘的外衣遮蔽了它的所有真相，在意识毫无察觉的情况下对人类的心灵产生影响。因此，在人类心灵形成过程中，人的意识始终受到自然的影响，并未能超越自然之外。

二、人类的生存智慧

荣格在参观北非、北美等土著人居住地的时候，就曾被当地人的生存智慧所折服。他在自己的传记中不惜花费大量篇幅去描述土著人是如何与自然相处，异域风情和最原始的自然风貌引起他心灵深处的巨大震颤。荣格在传记中记述了他考察美洲和非洲土著部落的旅行见闻，这些见闻成为集体无意识理论的最好注脚。与其说是一次旅行，不如说这是一次心灵的回归。荣格在土著人的生活中看到了人类心灵中自然的最初意义，土著人对自然的理解也同他在欧洲所见的现代人对自然的看法完全不同，当土著人用怀疑的眼光看待美国人对待自然的态度时，荣格看到了人类真正的生存智慧。当现代人的心灵逐渐远离这种智慧的时候，荣格却在土著人的心灵当中重新发现了它。

在土著人的社会当中，原型对人类灵魂的影响非常强大，而在现代社会人的眼中，它被看作是一种迷狂式的宗教信仰，土著人的生活方式也因此被认为是落后和愚昧的。但是，荣格却在他们身上看到了自然在人类心灵中的真正位置，这也正是现代人所缺失的。土著人眼中的自然是被批上神秘外衣的自然，几乎所有的自然景象都被赋予神话色彩，与现代人眼中客观、真实的自然相比，土著人的自然模糊不清，但是模糊的观念却让土著人与自然相处得更为和谐。荣格似乎希望诉说这样一个事实，原型作为集体无意识的主要内容，决定了人类最基本的生存方式。在原始时期，土著人的生活方式似乎更接近原型所指示的生存智慧；在现代社会中，人类却渐渐远离祖先智慧，取而代之的是征服自然的幻想。

在那些看似荒芜的地方，土著人却过着一种近乎“奇异”的生活，他们所走的道路与现代人正好相反，那是一条更加接近自然的道路，而非远离自然、背弃宇宙精神的道路。在他们心中，自然呈现出的光彩与现代人心灵中阴霾浓郁的形象完全不同。荣格在参观和旅行期间始终在思考潜意识、梦境以及原型等问题，他将这些问题同旅途中所见到的土著人的生活态度结合起来，希望能够用一种自然的、神秘主义的方式来阐释他心目中的人类的真正的生存智慧。另外，荣格在其心理学研究过程中对现代人精神状况的担忧始终影响着他的旅行，这也让他的旅行本身带有一种宗教信仰式的色彩。

荣格的旅行更像是一个神话传说，或是梦境的延续。自然被赋予了金光闪闪的外衣，自然不仅仅牢牢地把握着当地土著人的心灵，而且也打开了这位现代学者灵魂深处的潜意识之门。在奇丽的幻境之下，荣格终于找到了一种解脱的方式。在对现代文化的否定和怀疑之后，他意识到自己终于找到最为原始的、符合自然目的的生存智慧。荣格在描绘原始人类生存智慧的同时，还提到了童年。在他眼里，原始人对自然的态度等同于一种最为单纯的孩子般的心态。探寻人类意识的自然本能成为荣格旅行的真正目的。

荣格在其心理学研究过程中对现代人精神状况的担忧始终影响着他的旅行，这也让他的旅行本身带有一种宗教信仰式的色彩。但是，他的宗教理想却与早期传教士的愿望大相径庭，荣格是在寻觅人类在自然和宇宙中生存的真正智慧，而非用现代智慧的目光来挑剔原始部族人类的生存方式。在他眼里，非洲土著自有一种天然的美，这种美让他们同周围的景观一起构成了最完美和谐的自然，正如他在描绘几个非洲妇女时所记述的那样：

> 一个妇女和她的两个半大的女儿，她们都全身赤裸，只配有贝壳制成的宽带。巧克力色褐色皮肤，十分漂亮，身材苗条，动作从容不迫，颇有贵族气派。每天早晨，她们从小溪走来，倾听她们脚镯铃铃作响，颇为悦耳；接着又见她们走出金黄色高茅草，为平衡头上顶着的水罐而拽曳的步态，也很悦目。她们装饰着脚镯、铜手镯和铜项圈，小圆管形的铜制或木制耳环。下唇都用骨片或铁钉穿孔。她们彬彬有礼，每逢见到我们总是羞怯而迷人地微笑。①

① 〔瑞士〕荣格：《荣格自传》，刘国彬、杨德友译，第251页。

在土著居民身上，荣格看到了最为真诚和自然的景象，完全不同于他在欧洲所见所感，那迷人的微笑不仅仅是为他带来了精神上的愉悦，更重要的是，在这迷人微笑的背后，荣格看到了自然对人类心灵的影响以及人类对自然的亲和，它极大地区别于现代人眼中的自然。荣格相信，原型在潜意识中对心灵的影响，是能够通过人类日常行为表现出来的。他认为，原始人对待自然的态度及其行为方式之所以区别于现代人，其原因在于原型被遮蔽的程度不同。原型对土著人的心灵的影响非常强大，在原始人的日常生活中，它往往表现得异常质朴。土著人对自然的情感在现代人眼中是难以理解的，他们质朴的生活方式却能够与其所处自然环境相调和，这不能不说是一种至今仍未被彻底理解的生存智慧。

按照荣格心理学的观点来看，原型对人类生存智慧的形成起了决定性作用。荣格承认，人类在诞生初期对自然怀有深深的恐惧。这一观点在许多人类学研究成果中已经得到广泛证实。这种恐惧感同生态保护者所倡导的“对自然的敬畏”有着微妙的差别。弗雷泽在他的《金枝》中就记述了许多种恐惧心理影响下人类的巫术活动，从心理学上来看，原始巫术对原始人的心理所产生的作用是非常强大的，它不仅能够赋予原始人类心灵以克服自然威胁的力量，而且还在很大程度上决定了原始人对自然的基本态度。强大的自然力成为人类恐惧的最初的来源，由此形成的潜意识原型可以称之为“恐惧原型”。在恐惧原型之下，巫术凝结了人类最早的生存智慧，当然，这个时候的人类智慧还仅仅停留在屈从于自然，并感激自然所提供的生存资料的阶段。

恐惧感体现人类同自然的对抗，是自然影响人类心灵的第一个阶段。但它并非自然留在人类灵魂中的唯一印迹，在恐惧原型之外，原始人对自然还充满更为复杂的情感。正如荣格在他的旅行中所看到的，原始人心灵中的自然并非是一个客体或对象，相反，原始人将自然视作自我生命的一部分。部族图腾的形象不仅仅肩负着赋予心灵以生存动力的任务，更为重要的是，图腾象征了人类将自身融入自然的强烈愿望。同样，神话传说在原始社会中扮演的角色同现代人心目中的科学和理性精神是非常相似的。神话传说与图腾禁忌是人类心灵在自然恐惧之外对自我的安慰，祭祀仪式的终极目的是为了给人类带来幸福。当庙宇的青烟飘荡在天空中的时候，自然表露出某种从未有过的温和，人类心灵深处对自然的恐惧也被掩盖在这层温柔的面纱之下。灵魂对自然的依赖、亲和随之成为自然影响人类的第二个阶段。在这个阶段，人类心理并没有完全摆脱恐惧感，但是人类却开始主动尝试着通过另一种方式与自然相处，人类走向自然的梦想被完整地保留在文学和艺术作品当中，艺术家是在无意识状态下体验到人类灵魂深处的智慧。

因而，文学艺术体现了人类生存智慧的最高阶段。原始人将他们对整个自然界的理解赋予浪漫色彩。在文学艺术家的潜意识当中，有一种力量促使他们忘掉对自然的恐惧，只在心灵深处保留对自然最真挚的热爱。所谓人类的生存智慧，是受到两个看似相互矛盾却又具有内在联系的心理因素共同作用下形成的。如何在自然中恰当地实现生存价值，始终是困扰人类文明的重要问题。作为集体无意识的主要内容，原型体现了人类对自然的焦虑、恐惧以及向往等复杂情感，原型蕴含了人类对自然最为原始的心理动机。它的现实意义就在于：当现代人在自然面前变得迷惘、惶恐和孤独之时，重回集体潜意识深处寻找自然原型成为解救现代人精神危机的重要方式。

三、人类心灵对自然的反馈

荣格在揭示人类心灵深处潜意识秘密的同时，始终关注自然对人类心灵的影响和人类心灵对自然精神的反馈。对于荣格的救世之心来说，寻找人类灵魂的最终目的在于实现人类心灵与整个自然生态系统的契合，这一观点同现代生态主义者们所倡导的精神不谋而合，对此，威尔伯在他的著作中作出肯定："所有的现象——所有的物体、事物、人类、动物、矿物和植物——都是大精神的丰富性的体现，所以，大精神天然地融入一切。"①这也是《现代灵魂的自我拯救》一书至今仍旧能够打动无数灵魂的原因。

应当说，对人类心灵与自然之间关系的探讨，源于现代社会的精神危机。荣格是从精神分析心理学的角度来解释人类的精神危机，并提出解决的办法。对于现代生态主义者来说，实现人类心灵对生态精神的回归也是他们最基本的目标之一。对荣格而言，人类灵魂的回归需要建立在集体无意识的基础上。自然原型是集体心理中最为基础的部分，它关系到人类能否最终完成精神的回归。荣格看到现代人心灵中的古代精神，他希望能够在这种精神中找到灵感，以实现人类精神与自然的真正融合。

包括心理学临床治疗在内，荣格的基本目标是为了实现人类精神的回归和灵魂自我救赎。在心理学治疗过程中，荣格遇到过很多病人，他们因为过于"自我"而引发相关的精神疾病。治疗这类心理疾病的最好方式就是摆正他们的心态，改变他们对自身和他人相互关系的认识。荣格借此提出造成现代人集体精神病症的重要原因就在于人类的"自我中心主义"。荣格对

① 〔美〕肯·威尔伯：《性、生态、灵性》，李明等译，第7页。

现代文明始终有着一种警醒的思考,他并没有迷恋现代文明光环下的种种成就,但是,他远非是一个食古不化的殉道者,他所倡导的回归实际上是出于拯救人类心灵的目的,就像他所从事的心理学治疗工作那样。

从集体无意识理论的角度来说,人类灵魂同整个生态系统之间保持着极为密切的关系。同当代一些主张生态保护的学者相类似,荣格也相信自然中存在着某种"超我"精神,它能够左右人类灵魂并对人类文明产生深刻影响。根据荣格对人类灵魂与整个自然宇宙关系的认识来看,人类精神是从属于自然精神的,人类对自然的观照同对原型的崇敬是一致的。

但是,人类对自然的敬畏并非集体潜意识的唯一内容。人类精神同生态精神之间的关系也是极为复杂和微妙的。荣格在《天空中的神话》一书中曾对飞碟现象做了生动的心理学解释,他将飞碟比作天空中的现代神话。飞碟原本属于现代科技的关注对象,在荣格眼里却成为新的神话原型象征,飞碟成为原型在人类灵魂中的一种新的表现方式。荣格将其归之于一种自然的心理现象,它同人类自古以来对自然万物的认识一脉相承。荣格认为,飞碟就像是一种新的图腾式幻觉进入人类心灵深处,人们之所以会对它如此关注,其原因就在于它勾起了潜意识深处的记忆。从飞碟现象入手,荣格生动地揭示了人类集体心理同生态精神之间的关系。虽然现代人的心灵不再像过去那样迷失在奇异的自然现象之中,但是,人类心灵依旧受到潜意识的控制,潜意识也不断转化为各种形式。

就起源上来说,飞碟神话同样源于人类的恐惧心理。现代人虽然已经能够认识几乎所有的自然现象及其背后的规律,但是潜意识深处的恐惧依然没有彻底消除。因此,在科技高度发达的现代社会里,外星人入侵就成为恐惧原型的另一个自我呈现的版本。荣格对此种心理状态的分析又不自觉地回到了《现代灵魂的自我拯救》中人类原始恐惧的场景,人对蛇的莫名恐惧同其对飞碟以及不知名外星生物的恐惧出奇地相像:

> 如果把出现于天空中的圆形发光体认作幻象,我们就很容易把它解释为原型形象……任何具有必备的历史和心理学知识的人都知道,环状符号在每一个时代都扮演了一个重要角色。例如,在我们自己的文化范围里,它们不仅是灵魂的象征,而且是"上帝的形象"。有一句古语是这样说的,"上帝是个圆心无所不在而周围无处可寻的圆圈"。①

① 〔瑞士〕荣格:《天空中的现代神话》,张跃宏译,北京,东方出版社,1989年,第1版,第24页。

在荣格眼中，飞碟只不过是一个古代神话的翻版，飞碟的故事以及那些琳琅满目的科幻小说，都只不过是神话传说和童话故事的现代演绎。人们之所对此类故事格外关心，正是因为于它能够引起潜意识中某种情感或记忆的共鸣。

荣格对飞碟的分析，证明原型在人类精神与自然和生态精神的背后发挥着最为重要的作用。他甚至将飞碟称作是一种自然现象，一种只呈现于人类心灵当中的自然现象，是人类心灵对原型的反映。就《天空中的神话》这本著作来看，所谓飞碟现象，在荣格心中只不过是人类集体无意识心理的一种自我呈现，荣格并不关心飞碟的真实性，他所看到的是飞碟现象及其象征的现代科学幻想与神话传说、童话故事以及原始祭祀仪式所表现的内容来自同一个地方——原型。

人类似乎从来没有停止过对神秘莫测自然的关注，人类灵魂也始终没有放弃对自然意志的探索。即使在现代社会里，人类在潜意识深处依然相信宇宙之中存在着某种超我力量，类似于原始人相信在自然背后存在着一种可以控制万物的神。飞碟的圆形光环与神的光环存在着相同的心理功能，它的基础是人类精神对自然的反馈。因此，相信自然中存在精神这一信念，有着深远的心理基础。它同神话传说、童话故事等文学形式拥有共同的心理世界。当飞碟成为现代人津津乐道的、带有强烈的神秘色彩的话题时，原型再次展现了它在人类心灵中的强大影响，它是人类精神与自然精神的交互反映。

作为一种接近于幻觉的自然现象，飞碟已经成为现代神话的典型代表，同过去的神话传说相比并没有本质差别。尤其是在集体无意识的心理层面上，现代人对飞碟的痴迷，不过是一种心理的自我调节，在一个神话传说及其合法性遭到科学颠覆的时代，飞碟成为拯救人类心灵的一剂良药。那些只有在梦中或是文学艺术作品中才会复现的神秘形象，又再一次显现出来，继飞碟被侦测到的不长时间里，大量涌现的科幻小说就是最为充分的证明。飞碟再一次拨动了人类心灵深处的潜意识之环。

事实上，人们对于天空的关注并非起于对飞碟的兴趣，它源自于古老的时代。几乎从诞生之日起，人类就没有停止过对自然和宇宙的精神探索。从原始的图腾崇拜仪式开始，人们似乎找到了一种能够使灵魂与自然相互沟通的方式，它与梦的作用相类似，但是它要比梦境所显示的内容更容易让意识理解。

荣格对飞碟现象的解释反映了他对人类精神与自然和生态精神之间关系的理解：人类心灵自始至终没有放弃对自然精神的追溯，但是，潜意识受到的压抑让它总是难以实现精神的回归，因而，潜意识不得不通过各种方式来影响意识、并借此表达自身。神话传说如此，童话故事亦然，飞碟现象以及科学幻想小说也是如此。

自然在人类心灵中所起的作用是复杂的，漫长的历史经验让人类心灵与自然原初精神之间的关系变得模糊难辨。荣格将所谓“神的诱惑”追溯到柏拉图的时代，目的就是为了揭示人类精神的最初来源。与其说古代神话反映的是人对神的关注，不如说它同现代神话（飞碟等现象）一样，是人类精神对自然精神的复刻。

因此，人类精神与生态精神的关系可以被看作是一种回溯式的联系，自然通过原型在人类潜意识深处埋下循环往复的种子，它在文学艺术、人类梦幻以及种种神秘仪式中不断呈现自我，不断影响意识。人类精神不可能脱离生态精神而单独存在，因为控制人类意识的集体无意识精神本身来源于自然。荣格眼中的自然和人类精神实质上是一体的，当人们举目望向天际之时，正是人的精神抵达自然精神的瞬间。

第三节　文学“原型”中的自然

一、神话、仪式与梦幻

神话、仪式和梦幻构筑了原型的三种重要表现形式：它们既受到人类集体无意识的影响，表达自然精神同人类精神之间的关系，同时又成为文学艺术塑造原型意象的基本样式。

神话通常被认为是原始人对世界的理解，如 Monica R. Gale 所说：“当原始人在面对自然界的许多问题且无法解释的时候，他们的解决方式就是将自己对神圣自然的恐惧和对物质世界的精确观察结合起来。这种结合的产物就是神话：故事的主体描绘了能够控制自然世界的众神的行为。”①在荣格的心理学体系中，神话占有非常重要的位置，正如 Steven F. Walker 所指出的：“在荣格的理论体系中，神话表达了原型的全

① Monica R. Gale, *Myth and Poetry in Lucretius*, London, Cambridge University Press, 1994, p. 229, “Primitive man (he hypothesizes) was faced with questions about the natural world which he could not answer. His solution was to combine his accurate apprehension of the divine nature with his accurate observation of the physical world. The product was myth: a body of stories portraying the gods as acting in and controlling the natural world.”

部内容。”[1]就神话来看，它反映了原始时期人类对自然的早期经验。在形式上，这些经验是通过口头传唱的方式或是书面记载的办法得以保留；在精神上，它们则成为一个民族记忆的重要部分，并对这个民族的精神产生重要影响：“所有世界上的伟大神话今天仍然存在于我们中间，在我和你身上。”[2]

神话同原始人的心理密切相关，但是，荣格认为，“原始心理并不发明神话，而是体验神话。神话是前意识心理的原始启示，是关于无意识心理事件的不自觉陈述，但绝非自然过程的寓言”[3]。在《童话中灵魂的现象学》中，荣格这样理解原始意识同神话之间的关系，“原始心理并不发明神话，而是体验神话。神话是前意识心理的原始启示，是关于无意识心理事件的不自觉陈述，但绝非自然过程的寓言”[4]。一般而言，神话传说是一个民族文学艺术的最初来源，它们能够为文学艺术家提供源源不断的素材，它“包涵精神智慧的丰富源泉”[5]。一旦文学艺术回到古代神话传说的精神世界，它便能够激起更深层的心理因素。即使在现代文明之下，古代神话和传说依旧成为文学艺术家寻找灵感的来源。

在文学艺术研究过程中，荣格更倾向于从精神的角度来分析神话同原型之间的关系。在历史上，同一个神话故事原型会被不断复刻，神话中的同一个英雄人物也会在不同的文学艺术作品中多次出现，然而它们的每一次复现都会表现出不同的特征，文学艺术家会根据自己的需要将这些故事的细节进行调整，他们对神话人物的评价也会有很大的差别。

例如，《荷马史诗》中想出木马计的古希腊英雄奥德修斯，在但丁的作品中就遭到了极其严酷的折磨。同一个人物，有的时候是无所不能的英雄，有的时候却变成了尖酸刻薄、心胸狭窄的小人。从历史和社会的角度来看，文学艺术家对神话的改造往往受到多重因素的作用，文学艺术作品反映了不同社会阶段下，意识对潜意识的反作用。经过不同时代文学艺术家加工的古代神话，是相应时代意识对集体无意识中原型记忆的投射。由于原型受到自然精神的深刻影响，因而文学艺术也反映了人类精神同自然之间关系的变化。

再如，在分析印第安史诗海华沙及其内涵时，荣格认为，海华沙出生即

---

① Steven F. Walker, *Jung and The Jungians on Myth*, New York, Routledge, 2002, p. 5. “In Jungian terminology, mythes are ultimately expressions of archetypes.”

② 〔美〕肯·威尔伯：《性、生态、灵性》，李明等译，第221页。

③ 〔瑞士〕荣格：《原型与集体无意识》，徐德林译，第123页。

④ 同上。

⑤ 〔美〕肯·威尔伯：《性、生态、灵性》，李明等译，第221页。

具有双重象征意义："双重母亲的母题暗含着双重出生的观念。一个母亲是真实的、人间的母亲；第二个母亲是象征意义上的母亲……源自两个母亲的人就是英雄：第一次出生令他成为一个凡人；第二次出生令他成为不朽的半神。"①在长大之后，海华沙便具有同大自然沟通的能力，"海华沙能从大自然的声响中听到人类的语言；他就这样参透了大自然的话语"②，自然也在这个过程中代替了母亲的地位。

正如托马斯所说："许多人类学家的著作指出，长久以来人们头脑中总是倾向于把人类社会的分类与价值取向投射到自然界，然后再反过来作用判断或强化人类秩序，证明某些特定社会与政治措施比其他的更为'自然'。"③就像荣格将飞碟比作现代神话那样，在内心深处，人们总是希望能够根据现状将自然界的一切改造成与人类需求相适应的东西，神话传说也是如此。文学艺术家将古老的神话赋予现代内涵，并希望借此来观照现代人的心灵，这些"现代神话"虽然融入了现代人对自然和宇宙的新的认识，但是在潜意识层面上，它仍然受到人类原始记忆的影响。正是在集体心理的影响下，文学艺术能够保持不同于现代理性和科技的特性，将原始的宗教感和神秘感保留下来，并让其受众的灵魂不会被某个单一心理模式所同化。无论是古代神话还是所谓的现代神话，集体无意识始终占据着重要的地位，它甚至主导着意识前进的方向。当意识偏离其来源——自然精神的时候，文学艺术就会产生出某种神秘的力量，为精神危机指引出路。

神话的重要性不仅体现在它对文学作品的精神价值，还体现在它对人类社会的促进作用。如叶舒宪所说，神话学是文学与人类学的交叉点，④相应地，神话是人类与自然之间联系的桥梁。荣格几乎在所有的文学作品中都能找到神话的影子，他将神话同人类记忆——原始时期遗留下来的人类对世界的感知——联系起来。通过神话，文学同自然的关系不再停留于纸面，而是直指人类的灵魂。荣格在《尤利西斯》中对神话传说、自然精神与现代人类心灵之间关系论述，是最为典型的例证。在《创造的赞美诗》一文中，荣格深入地探讨了神话对文学的影响，荣格将人类对宇宙和自然的假想、记忆和梦幻中的景象以及诗歌的神秘精神，全都编制在神话般的世界之中。

---

① 〔瑞士〕荣格：《转化的象征——精神分裂症的前兆分析》，孙立明、石小竹译，第340页。

② 同上书，第342页。

③ 〔英〕基思·托马斯：《人类与自然世界（1500—1800年间英国观念的变化）》，宋丽丽译，第53页。

④ 叶舒宪：《文学与人类学——知识全球化时代的文学研究》，北京，社会科学文献出版社，2003年，第1版，第193～223页。

在原型的作用下，诗歌从潜意识中流淌出来，密布的文字象征了隐秘的人类的感官及其对整个世界的理解。在荣格眼中，心灵对世界的观照总是能够同神话或是宗教式的迷狂精神联系起来，文学作品最终可以被抽象为具有象征意义的仪式。

仪式同文学以及人类心灵的关系建立在神话的基础上。荣格在其心理学研究中大量借鉴了人类学的基本观点，他认为仪式是一种心理模式，它将原始时期人们对自然的幻觉般的理解按照一定的程序固定下来。按照早期人类学的观点，仪式首先起源于原始的巫术，如弗雷泽所说的顺势巫术、接触巫术等，接着在漫长的岁月里逐渐复杂化，经过文学艺术的加工，仪式又被意象化，最终进入到富有强烈象征意义的原型意象之中。

在荣格看来，现代社会产生偏执、焦虑、恐惧等精神病症的原因在于现代人已经距离自己的本真灵魂越来越远，失去了灵魂和心灵的现代人只能够任由内心深处的欲望所支配，现代人已经完全忘记了人类原始仪式所象征的人类与整个自然和宇宙世界之间的关系，并完全忽略了它在维持人类与自然之间平衡关系的作用。只有少数艺术家及其作品才能够偶尔显示原始意象所指示的精神意义。因此，集体无意识理论的最为重要的一个作用就在于找寻人类业已迷失的灵魂。荣格相信，无论现代人的智力水平前进到何种地步，都无法掩盖精神上的贫瘠，日益加剧的精神病症反映了现代人寻找灵魂的迫切性。他希望通过对集体无意识的研究和探索，来找出解救人类精神危机的出路。他始终坚持这样的信念：人类的真正精神价值或许藏在业已成为经典的文学艺术作品当中，或许在那些淳朴的古代神话和传说当中，又或许是在为孩子们睡眠所准备的美丽的童话故事当中，等等。集体无意识理论象征荣格寻求的人类的智慧，它是人类在自然和宇宙中如何更好地平衡自己的心灵、并促使自我精神真正融入宇宙和自然精神、永久摆脱精神贫瘠的智慧。

荣格对米勒小姐的心理病症的分析能够证明仪式的象征意义。他将她内心深处对性的“堕落”的恐惧同人类被逐出伊甸园的神话联系起来，她写的诗是某种心理仪式的象征，神话在她心灵深处激起了神秘的情感和远古的记忆。与此相类似，人类被逐出乐园的事件反复出现在不同的文学作品当中，逐渐形成了一种固定的心理模式，它象征性的堕落、无休止的劳役与自我救赎的渴望。每当它在文学和艺术作品中出现的时候，阅读者便会感受到相似的心理暗示。

相比神话而言，仪式的象征性更为强烈，它更容易激起集体无意识深处的共鸣。甚至连文学作品本身都可以被视作一个具有象征意义的仪式。文学作品用最具代表性的意象来概括某个民族群体甚至整个人类的精神，就像是某个原始部落的求雨仪式那样，文学作品象征人类从自然中获取力量的强烈愿望。它并非是控制自然，而是顺应自然，即："一切真正的宗教仪式（与巫术仪式相反），其主要目的是使人们屈服于注定必然之事——而在季节性的节日仪式中，这一目的尤为明显。"①文学创作者则成为仪式的祭司，在他背后是人类群体的灵魂——他们期盼着能够在文学创作仪式中得到精神上的满足。假如这件作品能够给心灵带来安慰，那么它就像一个成功的祈雨仪式那样，成为不朽的杰作，创作它的艺术家也会得到伟大祭祀般样的地位。文学和艺术作品在精神领域为人们带来的力量同原始仪式的作用是一样的，即使原始仪式被现代仪式所取代，文学艺术依旧担负着为人类灵魂在宇宙中寻觅自我的工作。

米勒小姐通过文学创作宣泄其内心压抑的行为，类似于某个刚刚遭受过自然灾害的原始部落里人们用传统的神秘仪式来平复内心深处的恐惧与创伤的活动。荣格揭开了这些神秘现象背后的原型，他在人类灵魂当中发现了自然刻下的烙印，那些神秘的、难以言说的复杂感情，都得到了相应的解释。一方面，荣格将文学和艺术对读者的心理暗示视作一种普遍性的心理效用，类似于某种仪式的效用；另一方面，作为仪式的文学作品并非仅仅是作家个体压抑的爆发，而是群体心理病症的体现，当然，其中也包括集体潜意识中人类对自然的理解。文学作为仪式的作用可以被总结为："里比多②被替换成了一个具有象征意义的对象，结果这个有着象征性的东西又被变成了某种替代物。"③这些替代物盛放着自然精神影响下的集体无意识的原型。因此，仪式同样来源于自然，跟神话不同的是，它将许许多多具体的故事编织成一张巨大而疏松的网，潜意识便透过这些网眼流淌在文学和艺术当中，它披上绚烂而神秘的外衣，以温婉的方式抒写自身。

除了神话和仪式之外，梦幻成为荣格理解文学作品自然天性的又一种方式。精神分析心理学向来对"梦"有着极高的评价，梦境被视作潜意识与意识相互交锋的地方，文学创造的意象同人类在梦境中见到的情景具有非

---

① 〔美〕约瑟夫·坎贝尔：《千面英雄》，张承谟译，上海，上海文艺出版社，2000年，第1版，第394页。

② 这里的"里比多"即"力比多"。

③ 〔瑞士〕荣格著，冯川编：《荣格文集》，冯川、苏克译，第174页。

常相似的特征。神话传说和仪式都与梦境紧紧联系在一起，神话甚至可以被“解释为表现人类心灵深处的原始冲动的集体的梦”①，人类可以在梦中复现祖先的记忆，一些梦还能够诱导早期的巫师并促使他们进行占卜仪式。

梦成为人与自然沟通的方式，在《心理学对现代人的意义》一文中，荣格阐述了梦与自然的关系：“梦不受意志的控制，是前意识心理不偏不倚、自发的产物。梦是纯洁的自然；它把天然而未经粉饰的真实显现给我们；它因此能够在我们的意识太远地偏离了其基础并走入死胡同的时候，把一种本然的、符合我们基本人性的态度还给我们。”②梦可以让普通人无须借助仪式就对自然精神有所感知，就像文学家在其创作过程中感受到的自然精神。被压抑的潜意识同样能够在梦境中显露自己，有时候，潜意识在梦境中表达的甚至比它在文学艺术作品中表达的更为清晰。

对于文学艺术家而言，梦同潜意识所做的工作的一样，它将创作者内心深处的愿望表达出来；它并没有以捉摸不定的形式来蒙蔽意识，相反，它以委婉的方式舒解潜意识的压抑，并为意识探寻返回自然精神原点的路径。只是在这个过程中它受到了理智的约束，分裂的人格和精神病症便是在束缚下产生的。正如荣格所说：“当人变得有了意识，分裂的病根就种在了他的灵魂中，因为意识既是最高的善又是最大的恶。”③

荣格对梦起源于自然的理解不同于神话和仪式，他认为，“原型常常在梦境中或幻想的世界里以精神的形态出现，有时甚至像个幽灵”④。梦与自然的关系在于它借助自然的力量促使意识同潜意识的紧张关系得以修正，自然以原型的形式通过梦境作用于人的心灵，使之走上回归之路——人类精神最终在自然中实现平衡。从这个角度来说，梦也起源于自然。荣格这样描述梦对人类精神的影响及其同整个自然的关系：“梦是隐匿在灵魂中最内在、最隐秘的通道上的一扇小门，它通向宇宙的黑夜，而早在任何自我意识产生之前，这黑夜就是我们的心理，并且，不管我们的自我意识将如何拓展，它也始终是我们的心理。”⑤因而，人类意识永远不可能脱离梦境而独立存在着，它必须依靠梦来维护精神的平衡，梦象征人类精神同宇宙之间的内在关系，梦反映自然精神对人类心灵的作用。

梦境呈现了自然精神的原始力量，“无意识机能属于远古积淀下来的、

---

① 〔美〕约瑟夫·坎贝尔：《千面英雄》，张承谟译，第392页。

② 〔瑞士〕荣格：《文明的变迁》，周朗、石小竹译，第112页。

③ 〔瑞士〕荣格著，冯川编：《荣格文集》，冯川、苏克译，第134页。

④ 〔瑞士〕荣格：《心理结构与心理动力学》，关群德译，第144页。

⑤ 〔瑞士〕荣格著，冯川编：《荣格文集》，冯川、苏克译，第140页。

动物性的状态。它们在梦和幻想中通常以两种动物或巨兽之间的厮杀争斗或即将发生的冲突作为其象征性的呈现"①。在梦中，人类体验到了祖先的经验，人的心灵终于能够获得安宁。"所有的意识都是彼此分隔的，然而在梦里，我们却披上了生活在原始暗夜中的那个更普遍、更真实、更永恒的人的共性。在那里他仍然是一个整体，整体性就在他身上——他与自然牢不可分，摆脱了所有的我性(all egohood)。"②围绕在梦周围的，是涓涓流淌的溪水、清脆的鸟鸣、习习的和风以及遥远山峦上笼罩着的神秘雾霭。人类在自然中获得的、在文学和艺术中体验到的以及在梦中所见全都融入这迷人的情境里。

二、"原型"的自然形态

自然是原型的最初来源，自然决定了原型的形态和特性。相应地，文学中的原型意象，也必定能够对应其最初的自然形态。从原型与自然的关系来看，原型意象几乎象征了整个自然，如 Paul Kugler 所说："对于荣格而言，心理世界并非是一个实体，或是某种实存，相反，整个世界就是一个意象的世界。"③

荣格曾不止一次地重复这样的观点："艺术创作和艺术效用的奥秘，只有回归到'神秘共享'的状态中才能发现，即回归到经验的这样一种高度，在这一高度上，人不是作为个体而是作为整体生活着。个人的福祸无关紧要，只有整个人类的存在才是具有意义的。"④这里所说的"神秘共享"即指集体无意识的共通性，它跟梦境一样具有相同的来源——自然。荣格对个体否定的真正目的是对自然的肯定和对自然精神的回归。相应地，对文学作品中原型意象的研究也不应局限于艺术家的个人经验及其个体潜意识之内。对此，荣格评论道："艺术家在个人生活中也许是个市侩、循规蹈矩的公民、精神病患者、傻瓜或罪犯。他的个人生活可能索然无味或十分有趣，然而这并不能解释作为诗人的他。"⑤从这一观念出发，文学和艺术作品塑造的原型意象必定先要复归到"神秘共享"的状态，才能确立真正的自然精神。自

① 〔瑞士〕荣格：《心理类型——个体心理学》，储昭华等译，第 311 页。

② 〔瑞士〕荣格著，冯川编：《荣格文集》，冯川、苏克译，第 140 页。

③ Paul Kugler："Psychic imaging：a bridge between subject and object"，Polly Young-Eisendrath，Terence Dawson(eds.)：*The Cambridge Companion to Jung*，New York：Cambridge University Press，2008，P77，"For Jung the world of psychic reality is not a world of things. Neither is it a world of being. It is a world of image-as-such."

④ 〔瑞士〕荣格著，冯川编：《荣格文集》，冯川、苏克译，第 250 页。

⑤ 同上。

然精神影响下的人类集体无意识精神是文学作品超越艺术家个人心理范畴的原因。

一个经典的例子就是荣格对《浮士德》的评价。荣格认为浮士德作为诗歌的核心意象象征了一个民族(德意志民族)的精神品质,塑造这一形象的创作心理完全超越了歌德本人的心理范畴,准确地说,它来自于歌德心灵深处民族精神和自然精神双重影响下的集体无意识精神。浮士德本人对征服自然、建功立业以及终极幸福的狂热追求,象征人类对自然的偏执理解和人类潜意识中无限膨胀的欲望,他最终被上帝解救也寄托了精神救赎的愿望。荣格却认为,上帝并不存在于自然之外,他只在人们的内心深处,甚至潜藏在人类集体无意识精神之中。荣格完整地描绘了人类自征服自然、领导世界的美梦,他将民族的记忆之门打开,从浮士德、歌德再到荣格,我们看到了一个全新的宇宙,一个与我们现实所见完全不同的自然,却是记忆、梦和潜意识熟知的世界,这便是浮士德的自然形态。在一瞬间,数不清的灵魂迸发出来,其中有现代人的,还有祖先的,以及祖先的祖先的……它们统统飘荡在浮士德博士周围,内心深处的欲望呈现出光怪的形态。

浮士德的自然形态是令人恐惧的,在他的疯狂和激情背后藏匿着巨大的隐患,他的个人悲剧象征更大的人类的悲剧,故事的结局注定是悲剧。就像人类历史上的所有征服者那样,死亡带走了他们所有的功绩,他们创造的一切都被无情残酷的自然所泯灭。在文学和艺术领域,它可能是一个丰满的意象,在荒野的白骨中它仅仅是自然的记忆。它饱含悲剧色彩,同时却充满了讽刺意味,它们就像花花绿绿的药水统统被装进那些伟大的文学作品当中,文学家就像一个魔法师,将这些药水混合起来,再喂给它的受众,它引起的“不良反应”甚至超出了语言所能表达的程度。

荣格将这些药水的效用比作“从集体精神中召唤出的治疗和拯救的力量”①。文学家就是原始部落里神秘的巫师,用他采集到的药草来召唤图腾,祈求得到拯救人类灵魂的力量。通过荣格的眼睛,读者在作品中看到这力量的伟大作用——“他深入到那个所有人都置身其中的生命模式里,这种生命模式赋予人类生存以共同的节律,保证了个人能够将其感情和努力传达给整个人类”②。艺术家用他创造的意象追溯原型的最初形态,他唤醒沉睡于人类内心深处的古老英雄的灵魂和祖先关于自然的所有记忆。

另一个例子是荣格对文学作品中“救世主”意象的分析。他认为,“人类

① 〔瑞士〕荣格著,冯川编:《荣格文集》,冯川、苏克译,第250页。
② 同上。

文化开创以来，智者、救星和救世主的原型意象就埋藏和蛰伏在人们的无意识中，一旦时代发生动乱，人类社会陷入严重的谬误，它就被重新唤醒”①。包括浮士德在内，文学作品塑造的大量原型意象都可以从理解为“救世主”形象，这些意象不仅可以还原为早期原始部落里的巫师，还可以上溯到更早以前出现在神话传说中的创始者的形象。就像弗雷泽(James George Frazer)在《金枝》中描绘的森林之王，他们掌握着象征族人生存的权柄，能够保证族人在自然中繁衍下去，他们是族人的精神支柱。

这些丰富的原始记忆全都被保存在集体无意识当中，每当人类遭遇精神危机的时候，它们就会出现在文学和艺术作品当中，通过这些文学作品，犹如神灵附体般地对一个时代的精神产生影响。艺术家则陷入迷狂的状态，被潜意识所控制，重拾人类的精神权柄，引导人的精神并使之走向安宁和平衡。荣格将文学艺术家比作人类的导师或医生——精神导师和心理医生，就像荣格在写作《现代灵魂的自我拯救》时扮演的角色，他的理论研究也像是一部文学作品，描绘人类灵魂中的原型形态，并期望能够唤醒集体无意识中的原始记忆，以拯救现代人的精神危机。

还有许许多多的例子来证明原型的自然形态，它不仅存在于现代文学作品中，而且频繁地出现在人类早期的神话传说和童话故事里。原型意象展现了它的自然形态，它连接着人类灵魂和自然的原始形态，并维持两者在精神上的平衡。原型对现代人灵魂的作用体现在诸多方面，正如荣格所言：

> 在集体无意识中，诗人、先知和领袖听凭自己受他们时代未得到表达的欲望的指引，通过言论或行动，给每一个盲目渴求和期待的人，指出一条获得满足的道路，而不管这一满足所带来的究竟是祸是福，是拯救一个时代还是毁灭一个时代。②

原型的作用还在于它能够满足人类在集体无意识深处的欲望，从这点来说，原型象征人类对自然最原始的欲望。荣格在其著作中展现了这样的情景：在现代人的梦境里，祖先身披兽皮，拼命追捕猎物，周围是现代人从未见过的景象，那不是高楼大厦，也不是灯火辉煌的饭店，而是冰冷的山川河流，茂密的丛林，但是做梦者却对这一景象无比熟悉，就像做梦者轻车熟路于繁华都市的街道那样，记忆的精灵飞舞在整个梦境的世界之中，在一瞬

---

① 〔瑞士〕荣格著，冯川编：《荣格文集》，冯川、苏克译，第249页。

② 同上书，第244页。

间，这一切又全都变成幻想，变成一团恐怖的浓雾，向做梦者袭来，当做梦者从这恐怖的梦中惊醒的时候，突然发现手中的诗卷已经掉落在地板上。

文学艺术作品激发了人类内心深处的记忆，原型被潜意识包裹在这记忆里，一旦有机会它便从中逃逸出来，依附在文学艺术作品中的意象之上。在文学艺术创造的幻境里，读者能够体会到从未有过的激情，它从内心深处升腾出来，就像战场上的硝烟，带着死亡的气息。我们仿佛置身于隐秘的丛林，在那幽暗见不到光的地方，只听到魔鬼的声音。读者希望能够摆脱这恐怖，却找不到出路。此时此刻，艺术家站在遥远的天际向我们挥手，为读者指引方向。他们具有图腾的力量，他们能够从自然中汲取养料，使我们甘之如饴。

自然万物被抽象成各种各样的原型意象，古代神话描绘了原始人心灵中的自然，现代小说则继承了这一点，它们对自然的绘制不仅象征现代人眼中的宇宙，而且融入了祖先的灵魂和记忆。文学作品中原型意象的流变，象征自然在人类心灵中的变化。但是，人类对自然的认识并不能完全脱离自然的本来面目，即使文学艺术家将其加工、修饰，仍然无法掩盖其自然本质。依照荣格的观点，文学艺术创造了时代的图腾，它们取代原始仪式，将祖先在远古祭祀活动中的情感和记忆保留下来。

三、“原型”的诗意表达

所谓原型的诗意表达，也可以称为非理性精神的表达。它既非完全等同于尼采的酒神精神，同时又区别于启蒙运动所摈弃的非理性精神。它指向自然和生态，指向人类的集体无意识精神。依照荣格的文艺心理学理论来看，文学和艺术作品中的原型意象正是向此种非理性精神的回归。

文学原型意象之所以能够引起读者心灵的共鸣，就在于它秉承了远古人类的记忆并凝结着自然精神对人类灵魂的影响。它并非科学计算或是理性的逻辑证明，而是一种非理性精神。因此，文学艺术作品虽然看似是作家和艺术家的创造，实际上是人类祖先记忆在他们心灵中的复现，其源头便是自然精神，或称生态精神。

例如，许多文学艺术家希望通过文学和艺术创作寻找人类灵魂的终极归宿，其中一些浪漫主义作家不约而同地选择了自然或荒野。仿佛有一种预先设定的“力”，在它的作用下，不同语言、不同文化的艺术家却作出相似的选择，它在一瞬间握紧他们的灵魂，把他们引向记忆深处某个熟悉却又从未被意识所察觉的地方。在荣格眼里，这种象征人类非理性精神的力即集体无意识精神，文学正是通过此种力来揭示人类灵魂深处的秘密。

文学艺术家的非理性精神是作品丰富想象力的精神来源，荣格更愿意将其绘成神秘的、难以理解和难以言说的东西，而非实验室里可以度量的对象，他相信艺术家的经验只能被感受而不能被测量，而且艺术家的经验并不仅仅局限于个人经历，它更多地来自于某个民族的集体经验。据此推论，民族记忆的非理性特征决定了文学的非理性精神。

荣格认为，艺术家在创作过程中所处的精神状态是超越个体情结之外的，“他是处于高度客观的、无我的甚至是非人的——或超人的境界，因为作为一个艺术家，他就是他的作品，而不是一个常人”①。荣格所说的超人境界并非是尼采的超人，荣格眼中超人的境界是指超越了现代人理性之外的精神状态，是对自然精神的回归，艺术作品所表现出的精神实际上就是非理性的生态精神。艺术家将自我完全融入作品当中，超越个体潜意识的限制，个体潜意识让位于集体潜意识，并达到所谓“迷狂”的境界，这种境界是弗洛伊德个体无意识心理学所无法诠释的，它同人类集体的记忆以及民族精神相联系。虽然连荣格自己也无法用最为精确的语言来描述这种联系，但是他宁可认为这是一种神秘莫测的、难以解释的精神状态，也不愿将它归诸个体性本能及其压抑的结果，因为在个体潜意识的世界里，祖先的记忆、原始人怪诞的梦以及关于某个民族的魔幻般的神话传说几乎都被忽略了，文学艺术所显现出的炫目色泽也失去了光彩。所以，在荣格的心理学世界里，文学艺术的价值永远不会被简单地加以定论，相反，它们总是披上绚烂的外衣，并以某种只可感知、却难以言说的方式影响人类的心灵。

就像每一个喜欢歌德以及浮士德的人所熟知的那样，并非歌德创造了浮士德，而是浮士德创造了歌德。荣格把浮士德意象归结为一种象征——它象征了整个日耳曼民族的灵魂。歌德的作品便成为这个民族灵魂的象征，它展现出自然和宇宙对于整个民族精神的影响，它同时又是人类精神中最接近该民族原始记忆的部分。它属于被理性所排斥的非理性精神，但是它对民族心灵的作用却远远超越了理性。

除了《浮士德》之外，还更多的例子可以用来证明荣格对文学作品及其意象世界的准确判断。文学意象与集体无意识中的原型世界同出一辙，透过文学作品里那些代表民族灵魂的人物形象，受众可以看到文学原型的非理性精神是如何凝聚于原型意象当中的。无论是恶魔、救世主还是人类，这些意象最终都能够还原为原型。它们所依托梦幻般的、充满想象的、富于激情的广袤自然。原型的伟大作用在于：“一旦有意识之生活出现了片面性或

① 〔瑞士〕荣格：《人、艺术和文学中的精神》，孔长安、丁刚译，第100页。

采取了错误的态度，这些意象便‘本能地’升浮于艺术家和先知们的幻想和睡梦的表层，重新恢复个人或时代的精神平衡。”[①]当原型被表现于文学作品当中并转化为文学意象的时候，它们注定会成为拯救一个时代精神危机的“先知”。浮士德的追求反映了整个日耳曼民族灵魂深处的渴望，每一个民族都会有一个像浮士德那样的人物，出现在最伟大的文学作品当中，他们的一端连接着整个宇宙和自然精神，另一边则是人类的精神。歌德创造的救世主跟原始人崇拜的图腾形象一样，都来自于同一个精神内核，并具有同样的精神特质。虽然救世主的意象并非人类心灵中自然精神的全部内容，它仅仅反映了人类集体无意识反抗某种压抑的偏执需求，但是荣格的发现以及用神话般的语言来描述这一发现的举动，几乎创造了另一个伟大神话。

在荣格创造的心灵神话中，文学的非理性精神肩负起拯救人类灵魂的重任：“艺术家已经深入到集体精神的治疗和救世的深层，在这一深层中，人并没有失落在意识及其谬误与苦难的荒漠之中，而所有的人都被攫入一种通常的韵律之中，它使得个人可以向整个人类传达自己的情感，个人可以向整个人类迈进。”[②]荣格甚至不惜将人类个体驱逐出他的精神世界，他只探讨人类集体精神以及灵魂问题，浮士德这个意象不再成为研究的重点，在他背后的精神原型才具有真正价值。这也表明荣格的文艺心理学研究同纯粹的作品评论之间的差别：显然，荣格的研究成果更有益于解决目前人类所面临的精神危机。

但是，正如荣格所看到的那样，文学意象同科学理性不同，它并不直接地告诉意识应当如何去解决精神危机，它只呈现出人类灵魂深处的精神病症，并通过一种近乎于梦幻般的方式来描述集体无意识影响下的人类的精神生活。文学艺术家能够体验到原型的力量（包括驱动力和压抑），读者也能够从作品中感受到原型的影响。但是研究者很难用准确的语言来描述这种影响，创作者和受众都只能够受迫于它的强大力量。又或者，这就是原型最天然、最原初的面貌，只是人类暂时无法理解和认识清楚，潜意识用一种精神性的方式来完成意识所无法完成的任务，当艺术作品以某种近乎于疯狂的激情来唤醒读者沉睡着的潜意识的时候，人类便在精神世界里重新找回了自我。

从文学、自然和人类心灵之间的关系来看，荣格文艺心理学研究的最终目的并非止于探讨心理学与文学之间的关系，而是从心理学的角度来阐释

---

① 〔瑞士〕荣格：《人、艺术和文学中的精神》，孔长安、丁刚译，第103～104页。

② 同上书，第104页。

文学艺术对人类精神的作用，最终完成拯救人类精神危机的愿望——促使人类精神回归到自然精神中去。

荣格就像一个精神导师那样，从那些即将被人类理性抹去的自然精神的世界挖掘出最为珍贵的思想财富，并用它拯救人类的灵魂。他意识到："艺术家的作品就是以这种方式满足了他生存其间的那个社会的精神需要，因而它就比艺术家个人的命运更有意味，而不论他是否知道。"[①]的确，没有哪个艺术家在他创造艺术作品的时候能够预见到作品未来的意义，作品的精神价值也超出了作家的预料之外。一些更为出色和伟大的艺术作品的精神意义甚至超越了它们所处的时代，影响到几千年后人类的精神生活。这些作品能够直达人类的内心深处，并反映人们灵魂深处潜藏着的来自于远古的记忆，它们象征了民族精神同自然精神之间的内在关系。当个体潜意识和个体精神的创造物被当作反映集体精神的象征物的时候，个体就消失了，消失在集体的精神生活当中。集体的精神生活不仅包括艺术家和艺术作品所处的那个时代，还包括该集体所传承的历史经验、精神传统以及它的未来。

因而，在荣格眼中，文学和艺术作品的真正价值在于调适和修正该集体的精神生活，使之在历史、现实与未来之间达到平衡。从心理意义上说，它还象征了人类灵魂深处集体无意识影响下意识的自我调节。文学作品塑造的原型意象则是作家个体心灵对其所处人类集体灵魂的观照，文本所反映的是一个民族灵魂同整个自然精神的关系，当作家进入迷狂境界时，他手中的笔已经超越了个体潜意识的范畴，受到一颗"大心脏"的支配。借助作家的内在精神，并通过优秀的文学作品，民族的集体无意识精神才得以宣泄，同时，自然和宇宙对人类精神的投射也在此种宣泄过程中得以表达。

第四节 作家的回归情结

一、作家心灵对自然的"感应"

如荣格所说，在人类精神领域当中，文学艺术属于较高的层次。文学艺术作品不仅能够反映人类灵魂深处的情愫，而且，作品中的原型意象还象征了人类心灵同自然精神之间的关系。

---

① 〔瑞士〕荣格：《人、艺术和文学中的精神》，孔长安、丁刚译，第104页。

但是，对作家的心理研究不同于对文学作品的理解。荣格认为：

> 就艺术作品而言，我们面对的是一件复杂的精神活动的产物——也是一件显然是处心积虑塑造的产物。就艺术家而言，我们则必须分析心理构造本身。在第一种情况下，分析和解释的对象是一件具体的艺术成果，而在第二种情况下，则是作为独特个体的、具有创造力的人。尽管，这两个研究对象密切相关，甚或可说是唇齿相依，但用一者去解释另一者却是不可能的。①

当然，他并不排斥通过对艺术作品的心理分析来帮助读者理解作家的潜意识心理和创作动机。但是它的作用毕竟有限，如果想要更深入地理解作家的精神，受众就必须对他的创作心理进行专门研究，而且艺术家那过人的天才和神秘的创造力本身也是引人注目、值得研究的。因此，在对文学作品及其生态心理的研究之外，还应当就作家的心理进行深入细致的分析，以探索其生态精神，从而更全面地了解文学活动的心理内涵及其同自然精神之间的关系。

例如，勃兰兑斯(Georg Morris Cohen Brandes)就认为作家的经历是影响文学作品的主要因素，受众总能够在文学作品中找到作家经验的影子。勃兰兑斯的观点在文学批评史上产生了重要影响，但是他的研究方法并没有得到广泛支持。原因就在于，文学作品的心理世界同作家的心理世界是有区别的，这两个世界并不能够混为一谈。文学作品能够体现作家的创作动力和创作精神，却无法反映作家全部的精神世界。读者通常能够较为容易地把握一部作品的心理内涵，却很难揣测作家的创作心理，尤其是神秘的创作灵感的来源。

按照荣格的理论来看，作家的创作心理是在集体无意识的基础上产生的，无论是迷狂状态还是白日梦，都无法超越集体无意识之外，而且，文学作品塑造的原型意象也来自于作家灵魂深处的集体无意识精神。

作家的创作动机是研究作家心理首先要解决的问题。荣格认为，作家的创作动机源于心理失衡，它不同于弗洛伊德的性本能及其压抑学说。荣格也认为某些现代作家的创作动机受到了性本能及其压抑所造成的精神分裂症等心理疾病的影响，但是，他更强调这些心理病症所建立的基础，即人类集体的精神病症。形象地说，荣格对作家的心理研究并非如弗洛伊德那样，只停

① 〔瑞士〕荣格：《人，艺术和文学中的精神》，孔长安、丁刚译，第 85 页。

留在作家幼年时期躺在母亲怀里看到的老照片上，他将这张照片无限放大，将人类幼年时期的形象全部纳入进来，母亲则象征了整个地球。因此，在人类集体知觉背后的是同样的集体无意识精神。如梅洛-庞蒂(Maurice Merleau-Ponty)所言："我对世界的知觉和另一个人对世界的知觉是同一种知觉。"①

按照荣格对文艺作品及其原型意象所做的分析，原型意象反映人类精神在自然中寻求平衡的愿望。作家希望通过自己的作品找寻失落的灵魂，包括作家自我的精神和集体潜意识下的人类精神。文学和艺术作品反映的心理内容是有限的，而作家本人的精神却是无限的。对作家心理的研究使得受众在有限的文本之外感受到无限的创作精神和埋藏在作家灵魂深处的集体记忆。

创作心理的无限性表现为文学艺术家对自然精神的憧憬。荣格认为，艺术家的作品是为了满足他所生存的社会精神的需要。② 但是，艺术家所处时代的精神并不能够同人类历史相脱离，也就是说，艺术家所要表现的不仅仅是这个时代的精神需求，而是这个时代与历史精神之间的连续性关系。因而，艺术家的创作动机需要追溯到更早的时期，它必须既能够反映一个民族在现阶段的精神需要，同时还要呈现自然在人类集体无意识深处留下的记忆。艺术家必须要同时感受到来自这两个方面的精神力量，才能够创造出震撼人心的伟大作品，以满足时代精神的需要。这种强大创造力的源泉来自于艺术家对自然和历史的感应。

一些文学艺术家的作品能够起到平衡时代精神、拯救灵魂危机的作用，他能够将自己的作品像树木那样植入读者的心灵，并使之牢牢扎根于潜意识之中。假如没有对自然和宇宙的深刻观照，没有对时代精神的深刻体验，没有对历史的主动反省，作家是很难创作出能够引起受众心灵共鸣的作品。这也正是《浮士德》、《战争》、《乌拉尼亚》以及《瓦尔登湖》、《寂静的春天》等经典的文学作品，对一个时代甚至数个时代人类集体心理产生影响的原因。这些作品是在作家对自然的观照和对人类灵魂的双重体验之下，对自然和宇宙精神感应的结果。正如 Helmut J. Schneider 所说："在所有同浪漫主义艺术相关的理念中，自然的概念也许是最为重要和最能够唤醒激情的一个。"③

---

① 〔法〕莫里斯·梅洛-庞蒂：《可见的与不可见的》，罗国祥译，北京，商务印书馆，2008 年，第 1 版 第 64～65 页。

② 〔瑞士〕荣格：《人，艺术和文学中的精神》，孔长安、丁刚译，第 104 页。

③ Helmut J. Schneider, "Nature", in Marshall Brown (ed.), *Literary Criticism* Volume V Romanticism, London, Cambridge University Press, 2000, p. 92, "Of all ideas commonly associated with Romanticism in the arts, the idea of nature is perhaps the most inclusive and the most evocative."

作家对自然的观照和对灵魂深处自然精神的回归主要体现在几个方面：

首先，作家要感应到其所处时代的精神状况。作家就像古代主持祭祀的巫师，他对其所在民族的精神需求了如指掌，他的创作就像是巫师的祷告，能够打开一个民族的灵魂之门。集体无意识影响下的作家心理状态如同神灵附体后巫师所表现的精神状态，他们创造的作品也像是神秘的古代仪式，文字就是咒语，能够治愈受众的精神问题。作家的创作激情同人类的原始经验结合在一起，后者的作用在于："它能从上到下扯开这层表面上画着秩序井然的世界的大幕，让我们瞥见那未来和现实世界的无底深渊。"① 只有在这个层面上，人类才能够通过作品真正窥见内心深处的秘密。作家在其创作过程中产生了幻觉，它是潜意识袭来的征兆。在幻觉中作家得以洞悉民族的精神。

其次，在感受到时代精神的状况之后，作家进而反思人类精神病症的起源。作家进入幻境之后，便能在神秘的、难以理解的原始形象里感受到时代精神的需要。梭罗在瓦尔登湖游历时，在自然的原始风貌里感受到城市文明中无法体会到的内心的安宁。梭罗感受到真切的自然精神，并在自然精神的抚慰下完成《瓦尔登湖》。他将心灵感知到的人类的原始记忆和宇宙精神全部灌注于作品当中，他描绘的瓦尔登湖的景致既是自然的原始风貌，又蕴含着潜藏在他灵魂深处的人类的早期智慧。当现代人的脚步逐渐远离自然的时候，他却在这里找到了心灵的回归之路，他感受到了现代人的精神危机，在内心深处对人类的未来感到强烈的担忧。因此，对人类精神的反思，成为他走向自然的潜意识动机，作家希望在人类文明之外寻找灵魂的出路。

最后，作家将自己的心灵放置在宇宙和自然的广袤精神世界之中，感受原始记忆和这个时代精神所赋予他的全部经验，并在潜意识的旷野中完成精神的回归。作家的行为是人类集体行为的象征，每当人类在现世生活中感受到压抑、焦虑等精神危机时，总会情不自禁地求助于人类文明之外的世界，自然无疑成为人类心灵最理想的栖息地。即使在遥远的古代，自然也为人们提供了精神的避难所。当人类心灵妄图脱离自然并控制自然之时，自我分裂、精神危机以及偏执、焦虑等情感就会席卷而来，此时此刻，作家就会像巫师那样重新唤醒人类内心深处的自然精神，帮助人类完成精神的救赎。

以上便是作家创作的心理动机，在经历了一个复杂的、惊心动魄的心理过程之后，他用灵魂对自然的观照完成其对民族精神危机的疗救。这一切，都源于作家心灵对自然精神的感应。

---

① 〔瑞士〕荣格：《人，艺术和文学中的精神》，孔长安、丁刚译，第 89 页。

二、回归意识与诗人的"逃避"情结

当诗人遭遇理性的时候，往往表现出某种"本能"反感，一个著名例子是华兹华斯(William Wordsworth)、济慈(John Keats)与牛顿(Isaac Newton)画像的"交锋"：

> 据他(本杰明·海登)说，出席的人中有查尔斯·兰姆、约翰·济慈和威廉·华兹华斯。华兹华斯"嘲弄我，因为我把牛顿的头画在我的一幅画中。他说，'这家伙什么也不信，除非像三角形的三条边那样清楚'。接着，他和济慈一致认为，牛顿把虹的诗意全都破坏掉了，使它只成为光谱的七色。他的话无可辩驳，大家举杯祝'牛顿健康，祝数学混乱'"。①

可以说，牛顿在科学史的地位同华兹华斯、济慈在文学史上的地位不相上下，他们之间的"对垒"象征非理性精神同理性之间的矛盾。从近代史的发展来看，浪漫主义诗人对数学(象征人类的理性精神)的"诅咒"并没有实现，相反，理性精神一直占据着社会观念的主导地位。

但是，自从 1845 年梭罗决定离开文明世界，在瓦尔登湖岸边筑屋以对抗文明世界起，直到 1962 年卡森完成她的《寂静的春天》为止，人类似乎完成了一种跨越——实现对自我的反思和对自然生态的重新认识。

梭罗并非第一个逃避人世的智者，也不是最后一个。卢梭在 18 世纪就曾以他的《一个孤独者的七次散步》而闻名于世。正如 Sahotra Sarkar 所看到的，至少从卢梭的时代开始，人类社会就从原初幸福的黄金时代堕落了，而现代文明正是出自于此种堕落的状态。② 但是梭罗的逃离却让现代人的目光从人世转向对自然，梭罗是这样描绘自然与诗歌之间的关系："评论家面对一篇真正的诗歌，犹如面对一颗橡实或一片葡萄叶，尽管遂心如意却哑口无言。完美的艺术作品又扎根于自然的内心，其材料出自那里，只能发现

---

① 〔美〕丹尼尔·J. 布尔斯廷：《发现者——人类探索世界和自我的历史》，严撷芸等译，第 353 页。

② Sahotra Sarkar, *Biodiversity and Environmental Philosophy*, New York, Cambridge University Press, 2005, p. 32, "Far more troubling than the myth of the lost futures is the myth of the golden age. Characterized broadly, and glossing over many historical caveats, this myth goes back at least to Rousseau and the eighteenth century. Human society communal state that brings out the best in all humans. All modern societies have fallen from that state. For Rousseau, private property in the form of enclosed land epitomized the transition from the communal to the fallen state."

其非自然性的评论是不称职的。”①

文学与自然是不可分离的，它取材于自然。批评家必须首先理解自然，才能领会艺术的真谛。梭罗强调用心灵去体悟自然的奥秘，而非言语阐释。他认为“每一种自然形态都是无法阐释的至理名言”②。梭罗将自然与文学完全融汇成一种可以相互沟通的实体，在他看来自然物的象征意义与文学作品的象征性是一致的。梭罗的观点是在人类进入现代社会之后，对现代文明的一次伟大反驳。瓦尔登湖的美丽景色不仅让梭罗为之倾倒，也让读者身临其境，自然审美成为现代文学不可缺少的部分。他的行为同古代方士的归隐并无很大出入，但是他的逃离却带有现代意义：梭罗的行为象征现代社会人类的危机，它并非仅仅来自人类精神的压抑，而是来自人类精神与自然精神的对立。当他漫步林间，在原始荒野中享受自然气息的时候，也许不会想到，这样的举动日后会成为一些人争相效仿和追随的榜样。甚至可以说，他的行为开创了一种新的风尚，并深刻影响了随之兴起的生态运动。

当遭遇挫折的时候，有些人往往会选择逃避，尤其是诗人，古今中外并无例外。中国古代文人寄情山水的诗歌中也有很多起因于日常生活的挫折，英国浪漫派也起源于诗人对现代工业文明的不满和对自然的热爱。这种行为通常被认为是一种逃避，对现实的不满、对人类社会的诟病以及压抑的精神、内心深处的苦闷都需要通过某种方式来宣泄。这个时候，自然成为逃避的终极归宿，一旦远离尘世，远离嘈杂人群，心灵即可得到安宁，自然成为诗人讴歌的对象。

逃避成为文人、诗人的一种情结。逃避的目的地直指自然，梭罗离开人类世界、逃往自然荒野的行为就是这种情结的体现。如果根据精神分析心理学的观点来看，逃避情结符合压抑——反抗的模式，诗人的心灵在人类世界受到压抑，并且无法找到宣泄的途径，逃往自然就成为一种反抗的手段。挣脱压抑，诗人在自然中重获自由，心灵才能得到真正的安宁。就像梭罗在瓦尔登湖所得到的快乐一样，也只有在荒野当中才会产生出纯净的思想和沁人心脾的文笔。

对于梭罗和以他为代表的诗人来说，自然不再是与野蛮、粗俗以及恐惧相联系，相反，人类世界反倒充满可鄙的罪孽，原始森林、荒野、草原以及透彻的湖水，才是值得歌颂和赞誉的。对人类文明的怀疑，对自然的向往是构

① 〔美〕梭罗：《梭罗日记》，朱子仪译，北京，北京十月文艺出版社，2005年，第1版，第36～37页。

② 同上书，第37页。

筑逃避情结的基础。

此外，诗人逃往自然的过程还伴随有原始记忆的作用。梭罗不仅看到山川湖泊的美，更重要的是，他还将历史、文学与自然山水联结起来，他并没有忘记人类文明，只是他认为人类的创造只是自然的附属品，而且，这些创造都是在自然状态下完成的。远古记忆在诗人心灵中呈现，古代经典也正是在这样的状态下被创造出来的，“神话，那些古代诗歌的遗迹、世界的异常，仍然反映出它们原本的色彩，就像离去的太阳给云彩的碎片着色，那些诗歌的残骸、对最崇高的声望的追忆（最古老的声望的残留）也是如此”①。人类文明就像被着色彩的云霞，正是自然之光让这些自然物变得奇幻、瑰丽，如果没有自然以及自然精神对人类心灵的影响，很难想象那些最经典、最华丽的诗篇如何被创造出来。

自然对于文学的伟大作用，让逃避的意义不再变得消极，相反，逃避却成为更高的追求。回到自然最原初的状态，成为诗人创作灵感的来源。正如申荷永对荣格晚年智慧所做的阐述那样：“荣格在其晚年渴望着回归其本来的存在，回归那永恒的未知的意义。”②在这个层面上，所谓的逃避情结也成为诗人创作的动力之一。诗人选择逃往自然，躲进那些鲜为人知的荒野里，从中感受自然最原初的魅力，从而创造出伟大诗篇。在这个过程中，诗人内心深处遭受到的压抑得到释放，他的作品也成为最合乎自然的创造。其内在心理的源动力就在于人类集体灵魂深处对于回归自然的渴望。

作家在现代文明面前往往感到手足无措，他们看到工业文明对人类本性和自然的破坏，却无能为力。借助科技和理性，人类创造了辉煌的现代文明，也改变了过去的很多观念，前人的信仰已经不再为现代人所崇拜，但是人类灵魂并没有得到解脱，“虽然科学家们驱除了老式观念，但是它又开始以浪漫主义诗人与游客感情误置的形式悄然回归，自然成为他们自己心绪与情感的镜像”③。

逃避情结不仅仅属于诗人，它代表了人类内心深处精神气质共通的方面。它源于自然对人类心灵的早期影响，人类潜意识精神中始终有一部分内容是希望人类与自然相通。一旦人类对自己的行为表示怀疑、对人类文明状况表示担忧的时候，这一部分就会发挥作用，促使人们回到自然中去寻

---

① 〔美〕梭罗：《梭罗日记》，朱子仪译，第 38 页。

② 申荷永：《心理分析》，北京，生活·读书·新知三联书店，2004 年，第 1 版，第 115 页。

③ 〔英〕基思·托马斯：《人类与自然世界（1500—1800 年间英国观念的变化）》，宋丽丽译，第 83 页。

找走出困境的方法。

梭罗的时代，大部分人还没有意识到工业文明对自然生态的破坏，梭罗的逃避也并非出于保护环境的目的，而是出于他对人类精神状况的担忧，“我们要不受历史的，甚至地质学的阶段划分的局限。这些东西让我们怀疑人类活动的进程”①。梭罗的逃避情结象征诗人对自然原初状态的向往，对宁静、安逸以及灵魂自由的回归。梭罗对人类历史进程的怀疑，源于他对人类与自然关系的怀疑。梭罗尚且没有认清这种关系，却能够感受到某种焦虑，这表明自然精神在梭罗潜意识深处的影响。他将人类精神成就归诸自然的原始力量，他甚至认为，一切文学艺术都产生于自然。

自然给予文学最原初的动力，为诗人的灵魂提供最安全的栖息地。在此基础上，逃避情结成为一种普遍现象，它受到自然精神的影响，留存在人类集体无意识深处。因此，梭罗的逃避情结象征人类对自然的向往。

三、作家的生态无意识心理

在环境保护运动和生态主义思潮的影响下，自然的价值和意义在文学创作领域逐渐受到更多关注。自然不再只是诗人心灵的庇护所，诗人回归自然的愿望代替了他们对现代文明的批判，抛弃功利和审美目的，作家在作品中极力还自然以平等的地位。在文学的生态转向过程中，生态无意识精神扮演了主要角色。文学作品开始思考人类与自然之间的关系，尤其是自然精神对人类历史和现实社会的影响。越来越多的人开始意识自然精神对人类精神的意义。跳出人类中心主义的局限，文学开始走向自然，走向荒野。

卢梭早在18世纪就写下了著名的《一个孤独的散步者的梦》，他将远离人世的渴望、对自然的亲近记录下来。这本书在当时并没有得到重视，却被后来的很多生态主义者所推崇。卢梭面临的问题是现代性与人的自然本性之间的矛盾，卢梭回归自然的思想也不能为启蒙时代的主流哲学所接收。启蒙运动是人类理性走向神坛的开始，卢梭却反其道而行之，他看到理智的浅薄和虚妄，在自然中找寻心灵的归宿。他的行动和观念体现了生态无意识精神的影响，他的作品也充满了梦幻般的色彩，甚至连他自己都说不清行动的理由，他只是希望能够找到一个可以让心灵得到安宁的所在：

> 如果世间真有这么一种状态：心灵十分充实和宁静，既不怀恋过去

① 〔美〕梭罗：《梭罗日记》，朱子仪译，第38页。

也不奢望将来，放任时光的流逝而紧紧掌握现在，不论它持续的长短都不留下前后持续的痕迹，无匮乏之感也无享受之感，不快乐也不有仇，既无所求也无所惧，而只感受到自己的存在，单单这一感受就足以充实我们整个心灵；只要这种状态继续存在，处于这种状态的人就可以说自己得到了幸福——不是残缺的、贫乏的和相对的幸福，而是圆满的、充实的、使心灵无空虚欠缺之感的幸福。我在圣皮埃尔岛上就经常处于这种状态。我或者躺在随风飘荡的船中，或者坐在波涛汹涌的湖边，或者站在一条美丽的小河旁或流水中冲击砾石潺潺作响的溪边，孤独一人，静静沉思。[①]

能够获得圆满与充实的幸福，是历代哲学家的梦想，卢梭则在自然的冥想中得到这种智慧。卢梭的散步更像是一个梦幻者的梦游经历，他的作品也像是呓语，梦中的主角不再是人，而是自然，他的精神和灵魂与自然完全融为一体。在无意识的作用下，作家的写作过程更像是对心灵深处某种记忆的追寻。卢梭甚至将投身荒野的行为看作是可以与哥伦布发现美洲新大陆相比的伟大行动[②]。荒野让他忘记人世的纷扰，躲开充满仇恨和敌意的社会。荒野中的梦，唤醒了卢梭心灵深处的记忆。

自然在人类头脑中留下的记忆，逐渐转化为人类集体潜意识，被隐藏人类心灵深处，它没有随着时间的流逝而被遗忘，它在人类历史的整个发展过程中都起着重要作用。在现代理性所导致的心理危机面前，诗人选择向自然回归，回到荒野中去，希望在那里能够找到拯救人类灵魂的办法。正像卢梭、梭罗那样，他们回到荒野，回到人类诞生之地，希望找寻人类的灵魂。他们通过诗歌塑造精神之路。关注生态、关注自然的文学作品形象地再现了生态无意识精神。

在生态无意识的影响下，现代文学开始走向自然。作家对生态问题越来越关注，在他们的作品中，自然具有独立的生命意识，自然成为作家心灵的归宿。一部分诗人不再只满足于自我超脱，而是投身生态运动。文学对自然和生态的关注，反映人类对自然认识的深入。人类中心主义的观点不

① 〔法〕卢梭：《一个孤独的散步者的梦》，李平沤译，北京，商务印书馆，2008 年，第 1 版，第 67 页。

② 同上书，第 96～97 页。“我坐在石松和苔藓上开始做起梦来，梦见我到了一个不为人知的地方，再也不会遭到任何人的迫害了。我在梦境中忽然产生了一种骄傲心；我把我自己和那些发现一个荒岛的大旅行家作了一番比较，怀着喜悦的心情对自己说：毫无疑问，我是第一个穿过崇山峻岭来到此地的人：我几乎把我自己看作是第二个哥伦布了。”

再是亘古不变的真理和戒律，人类开始更为客观地看待自己的地位。随之而来的是人与自然关系的变化。人类开始主动改变对待自然的态度。

生态文学作品是作家对人类精神的反思，诗人走向遥远的洪荒时代，从那里找寻人类灵魂的最初形态。在远古时代，人类与自然的界限几乎难以分辨：

> 在流传下来的神话中，兽与人之间的界限不断被跨越与再跨越。无论是经典的勒达与欧罗巴的故事，还是青蛙王子与动物情人的幼儿故事，不同造物种类之间交合的可能性一直存在；在大量的动物语言集中，人们构想出杂种动物，比如古代经典中的人首马身怪物、半人半兽神、人身牛头怪物，或者有人相信至今还生活在地球边缘地区的狗头人、小矮人、穴居人。这种生物的形象装饰了早期地图的边缘，对它们的报道也是旅行故事里常有的素材。在古巴据说有长尾巴的人，就连我们附近也有此类传言，而且不仅在爱尔兰。①

作为文学的最初形态，神话传说超越了人类与他生物之间的界限，那些认为人类与自他生物之间存在根本差异，人类与自然的关系是奴役与被奴役、征服与被征服的思想失去了根据。对原始记忆的重读，对生态智慧的挖掘，促使人类的观念发生转变。就像少数作家所描绘的那样，自然在文学作品中不再带有人类早期记忆的伤痕，它并非阴森可怖，反而处处显现出可爱和迷人，它被视为人类精神的来源。正如柯勒律治(S. T. Coleridge)所说，将人的罪恶成为“兽性”就是毁谤动物。② 自然不应当是低级和野蛮的象征，敌视自然或功利主义的观念才是真正的“野蛮”。

对于作家来说，自然有着不可抗拒的魅力。文学作品中的自然跟理性观念中的自然有着很大差别，无论在原始人类的记忆里还是在现代人的教科书中，自然都是充满恐惧、敌意的对象，恐惧感是人类面对自然的基本情感之一，也是人类生态无意识心理的内容之一。在理性和科学主宰的现代社会，人类把自然视作为人类而存在的、资源的综合体。就像《圣经》中所说，一切造物都是为人类而生，人类管理万物。

但是，作家眼中的自然并不只是“客体”，而是拥有生命的主体。自然是

---

① 〔英〕基思·托马斯：《人类与自然世界(1500—1800年间英国观念的变化)》，宋丽丽译，第129页。

② 同上书，第29页。

完整和独立的，人类从属于自然，人类的精神也是自然精神的一部分。一方面，作家往往喜欢在自然中寻找灵感，自然是诗人的创作之源。另一方面，自然是诗人逃避尘世的地方，自然为诗人的心灵带来安宁。诗人对自然的热爱似乎是与生俱来的品性，这也让他们的作品充满最质朴、最动人的自然之气。例如，浪漫主义诗人中的大多数“都自认为表达了某种比他们自己更重要的东西：世界、自然、存在和上帝的教诲，他们首要考虑的不是表现他们自身的情感”①。诗人对自然的热爱并没有超越人类集体对于自然的恐惧心理，但是，诗人并没有将恐惧感转化成敌意和欲望，相反，诗人以另一种方式来看待自然，诗人不仅在美学意义上感受自然的原始、野性和淳朴的魅力，而且在精神上主动向自然靠近，希望回归到原初的自然状态，它们希望寻求理性之外人类与自然关系的另一种解释，文学的浪漫精神与理性精神是背道而驰的。

总之，由于人类对自然的观念和态度是不断变化的，诗人对自然的感受也并非一成不变，而是逐渐深入的。现代作家敏锐地观察到人类并没有找到终极幸福，反而对自然造成了巨大的破坏，自然成为人类偏执追求的牺牲品。人类精神逐渐远离自然精神，对自然界其他生物的态度以及对自然整体的心理观念也促使人类对同类产生偏见，受其影响，人类很少关心其他生物，甚至无视其他人的生存权利。对此，托马斯总结道：“在人类与其他生命形式之间存在着类别上的根本差异，这种思想意识消除了对待其他物种时的禁忌。对这个信念的证明可以追溯到基督教以前的古希腊。亚里士多德认为，灵魂由三种因素构成：营养因素、人和植物都有；感觉因素，人和动物都有；而认知与理性因素却只有人类才有。”②人类似乎从诞生之日起就在寻求与自然界其他物种之间的差别，以期征服其他物种，对优越感的追求深埋于人类集体潜意识当中。理性、智慧始终是人类借以凌驾于自然之上的武器，也是人类面对强大自然力的挡箭牌。

① 〔加〕查尔斯·泰勒：《自我的根源》，韩震等译，南京，译林出版社，2008 年，第 1 版，第 587 页。

② 〔英〕基思·托马斯：《人类与自然世界（1500—1800 年间英国观念的变化）》，宋丽丽译，第 20 页。

第四章　荣格思想与文学的生态转向

一切文学,归根结蒂都是心理文学。[①]

——博尔赫斯

荣格生态思想对于文学的生态转向具有非常重要的价值。人的精神、文学的精神皆源于宇宙和自然,文学与自然的关系是在精神层面上展开的。文学反映人类心灵与自然之间的关系,一方面是人类心灵对自然的理解、观照和反馈,例如,文学中的生态无意识心理;另一方面则是自然对人类心灵的影响,文学中的原型以及原型意象即是在这个层面上产生的。

第一节　原型批评的生态意义

一、原型批评的理论背景

自从弗莱(Northrop Frye)将人类学理论和荣格集体无意识理论引入文学批评以来,仪式与梦幻就成为文学的母题之一。仪式包含着人类学研究的重要内容,梦幻则指示了人类灵魂深处集体无意识的特征。

对于原型批评家而言,仪式和梦幻就是组成文学的基本内容。甚至文学作品本身就是一种象征性仪式,是包含人类与自然最基本关系的仪式。具体来说,弗莱认为,文学叙事、仪式、梦都同原型有关,“文学的叙事部分便成为象征交流的一种重复进行的行为,换言之即是一种仪式。原型批评家在研究叙事时,是视其为仪式或对人类行动的整体的模仿,而不是对个别‘行动的模仿’。同样,在原型批评中,具有意义的内容都涉及欲望与现实之

① 〔阿根廷〕博尔赫斯:《博尔赫斯七席谈》,林一安译,北京,光明日报出版社,2000 年,第 1 版,第 6 页。

间的冲突，这种冲突的基础则是梦幻的作用。因此，从原型方面而言，仪式和梦幻分别成了文学的叙事内容和意义内容”[①]。人类对自然的认识以及自然对人类集体心理的影响都反映在“文学仪式”的整个过程当中。

在一些文学作品中，作家“习惯性”地将人物形象同自然万物相类比，以此反映人类精神内容的某些方面。弗莱在《批评的解剖》中就提到，当文学作品在描述某位神祇死去的时候，往往习惯于将他的死同日落或暮秋相类比。[②] 因而，在文学作品中，诸多的自然现象（如日落、日出、暮秋、盛夏等）就被灌注了人类的意志，体现集体无意识深处人类对自然的理解和观照。在人类学领域，对集体无意识心理的探讨也可以纳入到对原始习俗、原始意识等综合问题的研究当中。生物学和人类学的多种知识进一步证明荣格心理学对人类集体无意识的确切理解。

文学作品反映了人类集体无意识深处的自然精神，或称生态精神。文学家之所以“习惯性”地借助自然来表达人类心理，正是源于生态精神对人类无意识心理的影响。心理学家对人类心理的分析、人类学对仪式的阐释、生物学对生态问题的关注以及哲学家对精神危机的担忧，构成了文学精神生态研究的理论背景和原型批评的生态语境。

首先，荣格对集体无意识精神具有明显的生态倾向，他的思想包含了丰富的精神生态资源。荣格集体无意识心理学理论的生态精神可以从诸多方面得到印证，一方面，荣格本人对自然的热爱体现在多部传记当中，自然尤其是原始自然精神对荣格心理学观念的形成产生了重要影响。另一方面，集体无意识理论受到人类学研究的影响，例如弗雷泽的《金枝》对荣格的影响等，集体无意识理论关注自然精神对人类精神和人类心理的影响，很大程度上来自于以弗雷泽为代表的人类学研究——对人类精神与自然关系的深入探索。

其次，原型批评关注原型对文学艺术作品的影响，它承认自然在人类原始记忆形成过程中的重要作用。生态心理学认为，自然对人类心灵的影响能够通过遗传作用埋藏于人类集体无意识深处。在遗传作用之下，艺术家的梦境、记忆等潜意识内容很大一部分来自于人类的集体记忆。弗莱认为：

---

① 〔加〕诺思罗普·弗莱：《批评的解剖》，陈慧、袁宪军、吴伟仁译，天津，百花文艺出版社，2006年，第1版，第150页。

② 同上书，第50页。弗莱写道：“文学中常把一个神祇之死与暮秋或日落联系起来，这不一定就意味着他是草木之神或太阳之神，而仅表示不管这神祇归属于哪个领域，都不免一死。”

“原型象征通常是人类赋予其意义的自然物体，构成批评界的艺术观的一部分，这种观点视艺术为文明的产品，反映着人类为之努力的目标。”①人类赋予原型的种种象征意义，正是源于自然对人类心理的深刻影响。

再次，作为人类学的一个重要课题，仪式在荣格精神分析心理学理论体系中占据着重要的位置。在仪式这个层面上，集体无意识心理学同人类学建立了非常紧密的联系。在仪式中，自然被高度抽象化和概念化：“仪式是对自然的模仿，它含有一种十分浓厚的我们称之为巫术的成分。”②大多数神话作品反映了仪式对自然的模仿，它们构成文学艺术中自然精神的来源。人类对自然的模仿，带有很强的功利性。正如进化论所宣扬的那样，人类同其他动物一样，为了实现自身的存在价值，希望得到更多“力量”，仪式则成为人类获得“力量”的途径。因此，“仪式”反映人类最早期的生态思想，并融合了人类对自然的早期意识——恐惧、敬畏等。

最后，兴起于20世纪的建设性后现代哲学，是对现代性以及现代精神的反思。他们将生态主义引入哲学思想，希望建立一种新的、生态的世界观体系，即建设性的生态后现代精神。建设性后现代生态思想对当代文学及文学批评都产生了重要影响，文学的后现代转向也是基于这个层面上展开的。建设性后现代深受荣格思想的影响，它将集体无意识精神同后现代精神结合起来，用于思考人类的精神危机等问题，它在思想层面为生态批评的提供了理论支持。

二、原型所指示的生态精神

在研究原型批评的生态价值和生态意义之前，有必要对原型的生态意义做一些探讨。

作为原型最典型的代表，图腾具有丰富的生态内涵。人类对自然现象的早期崇拜伴随着反复认知的过程，人类自然观的不断变化体现了人类自我反省之后的再认知。种种自然灾害促使人类寻求征服自然的办法，早期的图腾形象通常代表了整个部族的生存愿望。例如，北美墨西哥人对野兽的崇拜，各种与生活息息相关的野兽都成为神的代表：“长着羽毛的蛇”、“癞蛤蟆”、“短吻鳄”等，都成为图腾③，非人类生物被描绘成超越自然力的神物，成为氏族的象征，它能够保护人类在自然中生存下去。对自然物的崇拜

---

① 〔加〕诺思罗普·弗莱：《批评的解剖》，陈慧、袁宪军、吴伟仁译，第161页。

② 同上书，第170～171页。

③ 〔苏联〕海通：《图腾崇拜》，何星亮译，桂林，广西师范大学出版社，2004年，第1版，第99页。

目的是为了实现人类自身的存在价值。图腾崇拜是人类同自然之间早期关系的象征。随着历史的发展,经过图腾演化而生的人形神的出现是人类真正认识自身、形成征服自然观念的开始。从万物皆神到上帝一神再到人本主义,反映人类同自然之间关系的变化,这是一个自然下行、人类上行的过程。

原始图腾虽然具有彼此不同的外观形象和不同的历史来源,并且分布于广袤地球的各个角落,但是它们最根本的象征意义却是一致的。人类最早的社会组织——氏族本身也起源于图腾。[①] 正是图腾的力量,使得人类得以团结协作共同抵御其他生物,人类的早期自然观正是在这个时候形成的。图腾作为最早的"神",是人类从自然中获取力量的媒介,也是人类敬畏自然的象征。

父辈的强大力量被植入图腾之中,图腾成为原始人的精神支柱。在原始人类看来,超越自然、并控制自然的力量有两种,一是有对人类有益、为人类提供庇护的力,另一个则是危害人类、统治人类的力,即邪恶之力,人类受到邪恶的超自然力的威胁和"善"的自然力的保护。在很多时候,人类必须面对恶的力量:"他们能将勤勉的实践以及虔诚的生活方式保持下去,并使之成为抵御围绕着他们的那些邪恶的超自然力量的'外壳'。"[②]因而,仪式源于人类对庇护之力的渴求和对莫名灾害的恐惧,各种原始仪式都同自然密切相关。"万物有灵"、"一神论"等观念都是在这两种复杂心理的影响下产生的。虽然"万物有灵"在内容上与"一神论"相对立,但它们都来源于人类对自然的理解。所谓"适者生存"被过分夸大,成为一种莫须有的压力。它造成人类对待非人类生物甚至是同类的极端刻薄。人类相信文明一定会取代野蛮,先进的必然要战胜落后。但是事实却恰恰相反,人类一次次的前进,却换来更大的倒退,在漩涡中反复挣扎。正如布里吉斯(Robin Briggs)所说:"我们可能倾向于把自己看作是处于文明之巅;并且认为所有其他的民族和时代不仅处于更低等的位置,而且该位置出于一个一直在下降、直到沉入野蛮原始状态的斜坡之上。"[③]人类将这一观念推而广之:人类永远将自身视为生物进化的最高阶段,在整个生态系统中出于顶峰的位置,其他一切物种都只是进化未能完全的种类。

---

① 〔苏联〕海通:《图腾崇拜》,何星亮译,第 214 页。

② 〔英〕罗宾·布里吉斯:《与巫为邻——欧洲巫术的社会和文化语境》,雷鹏、高永宏译,北京,北京大学出版社,2005 年,第 1 版,第 106 页。

③ 同上书,第 33 页。

即使现代科技打破了“一神论”的束缚，让一个更理性的世界取代信仰的世界，却并没有挽救人类向自我中心主义滑落的颓势，科学摇身一变成为这个时代的新神。人类对科技的崇拜达到无以复加的程度，甚至超过原始人对图腾的崇拜。在这个意义上说，人类始终没有逃脱图腾崇拜的模式。远古记忆对人类集体心理的影响，并没有因为时间的流逝和人类智慧的增加以及生产方式的提高有所改变。科学图腾与原始图腾的区别只在于科学图腾能够实现原始人类只有通过幻想才能得到的一切物质利益，而原始图腾是在精神与心理上让这种幻想得到满足。

人类在解决了自身平等的问题之后，必须将目光转向自然。在这之前，人类为了民主、平等以及避免某一个同类族群受到非平等的虐待而做出长期斗争，至少在这一点上，人类对进化论的理解不至于过分偏激。但是，在这之后，人类似乎还有更长的路要走。人类与自然的关系，在人类的所有成员平等的生存权利都得到、至少在法律上都得到普遍承认的基础上，终于成为被广泛关注的对象。

实际上，人类与自然的地位问题应该被追溯到更早的时期：“直到最近，关于进化史的权威探讨都假定，在第一个真正的人类站起来行走之前的那些早期时代必定都存在着。在那一时刻我们挣脱了‘自然’。”①以此来看，人类的整个发展过程似乎是一个逐渐脱离自然的过程。从远古时候起直到近代，这一观点都是处理人类与自然关系的法则。但是这一法则在今天看来是越来越行不通了。越来越多的人发现，人类的发展非但不是逐渐脱离自然的过程，反而越来越需要自然。自然的一切都与人类息息相关，任何一种非人类生物的灭亡都有可能在未来的某个时刻对人类造成致命的损害。

文明与野蛮的关系必须被重新省视，原始人通过残忍手段获得的生存权利在今天看来也许是野蛮和落后的，但是在观念层面，现代文明并没有超越原始文化，在文明掩盖下的种种行径都让人感到原始的血腥。现代科技非但没有让人摆脱所谓的野蛮，相反，却让这野蛮变本加厉。人类对自然的掠夺有过之而无不及，虽然没有了赤裸裸的人吃人的场面，但是人类却以更隐秘的方式榨取着同类和异类。在这一点上，现代理性与原始图腾的意义交汇了。所谓先进的文明也只不过是为了自身生存和繁衍的目的，用单一观念和生活方式来同化其他民族。就像宗教战争，一部分人希望以自己的神来取代他人的神，以自己的图腾替换他人的图腾，不过是自然本能和生存欲望的体现，同原始人争夺生存空间与自然资源的行径如出一辙。

---

① 〔英〕斯蒂芬·R.L.克拉克：《生物学与基督教伦理学》，李曦译，第63页。

原型指引了回归之路，人类虽然无法准确获知过去的一切，但是从人类今天对待自然的态度可以推断原始人的自然观。原始意识经过千百万年的流逝成为今天集体潜意识的主要内容，时时刻刻影响着现代人类的每一个举动、每一种观念和每一项集体行为。

三、原型批评的精神生态意义

原型批评(或神话原型批评)是现代文学批评的重要流派之一，它的理论基石主要由荣格集体无意识心理学和早期人类学的研究构成。

一方面，荣格集体无意识理论强调，文学作品所表现的精神状况和作家的创作经验都来自于人类的原始经验。它是文学艺术作品产生幻觉、象征等不可言说的神秘意象的根源。早期人类在自然中遭遇的所有问题积淀在集体记忆深处，伴随人类的发展逐渐成为集体潜意识当中最根深蒂固的部分。另一方面，弗雷泽及其开创的现代人类学研究，进一步证明了集体无意识在人类发展过程中的重要作用。《金枝》中的原始人类及其宗教仪式，“金枝”象征自然力与人类的结合，获取金枝的愿望同现代人控制自然的欲望如出一辙。

荣格心理学和人类学都将文学批评引向原始记忆。在荣格看来，原始记忆才是文学素材的来源，人类早期的恐惧、焦虑都来自对黑暗、非理性以及难以解释的自然现象的畏惧，这些情感属于原始记忆的内容。人类掌握了科学，却无法彻底摆脱原始记忆，人类试图通过理性来消除非理性的影响，却总是在诗人对自然的憧憬与讴歌里进入幻觉。人类意识当中总有一部分内容是无法用理性来解释的，在理性之外，还存在着非理性的精神。文学作品中的幻象就是非理性精神的反映，文学表现了自然对人类集体精神的影响。从这个角度来看，原型批评实质上是对人类早期精神状况与自然内在关系的考查。

荣格心理学思想的一个重要影响，就是促使一门新型交叉学科——文学人类学批评的诞生，文学人类学批评范式的产生也更进一步证明了原型批评理论的生态意义。

文学人类学兴起于20世纪七八十年代[①]，弗莱的《批评的解剖》被称为是文学人类学批评的“圣经”，他在书中明确了原型理论在文学批评中的重要作用，并将人类学的研究方法和研究成果应用于文学批评当中。他理论

---

① 参见程金城主编:《文艺人类学的理论与实践》，北京，民族出版社，2007年，第1版，第48～61页。

的核心内容就是认为，反复出现的文学意象正是来自于人类远古时期的记忆，这种记忆具有集体无意识（原型）的特征。

弗莱认为，文学意象，尤其是那些反复出现的文学意象都来自"原型"。弗莱的批评理论受到心理学和人类学理论的双重影响，同时，他对荣格思想的继承也让他的文学批评具有原始的、神秘的甚至幻想的色彩，人类学田野考察等研究方法也让他的批评更具自然气息。

作为跨学科的研究，文学人类学侧重强调文学作品与人类整体文化活动之间的关系，尤其是集体无意识影响下的人类秘仪对文学作品的影响。例如，作为原始人与自然关系的反映，古代神话成为各个民族文学作品的最初来源，古代神话中夹杂着大量的想象，是人类对自然的最初理解。虽然随着人类社会的发展，古代神话逐渐被科学、技术、理论所取代，人类对自然的看法也从原始梦寐转向理性精神，但是，文学作品却总是不厌其烦地复现古代神话，并通过各种类型、体裁等样式来阐释诗人对神话传说的理解，作家甚至希望借助这种阐释回归自然。

从人类学的角度来看，作家的复归可以演绎为一种仪式。作家借助作品，让灵魂回归到原始的自然状态，并通过文学的"仪式"感染读者。读者成为仪式的参与者，作家本人则成为仪式的主持人，在文学仪式中，作家、读者都进入深层次的集体无意识境界。集体无意识精神让作品的阐述者和接受者达到高度的一致。即使作品的写作时间和阅读时间相距几千年，也并不影响读者对作家、作品的理解和感悟。集体无意识能够产生如此强大的精神力量，恰恰因为它来自原始人类对自然的理解，既包含对自然万物的崇敬，同时也有对地震、洪水等无法解释的自然灾害的恐惧。这种理解深深植根于人类的头脑当中，并通过遗传形式保留下来。

读者、作家以及作品作为一个整体，与自然万物产生相互沟通、相互作用，既受时间和空间等因素的影响，还受到集体无意识的作用。集体无意识主要形成于人类对自然的早期印象，虽然现代人类的发展让人们逐渐远离自然，科技似乎已经让人类摆脱了自然的控制，但是，人类心灵始终是从属于自然精神的，并没有从生态整体中剥离出来。进化心理学的理论研究也证明了心灵的发展并不足以让人类忘记远古记忆，相对于自然进化的整个过程来说，人类进化只不过是惊鸿一瞥。从这个意义上讲，现代人类的躯体中盛放着的恰恰是古代人的心灵。

依据人类发展的整个历史来看，自然在人类社会中的地位是随着人类历史的演进逐渐降低的，依次被上帝、科技所取代。从原始时期的图腾崇拜，从泛神论到一神论，都反映了自然地位的削弱，直到"上帝死了"，自然的地位也并没有得到提升。相反，科技、理性让人们对自然的敬畏渐渐消退。但是，人类心灵始终没有摆脱自然万物相通，原始人对自然的敬畏保留在每一个现代人的心灵之中。人们始终在进步与回归间徘徊。回到大自然始终是文学的母题之一，与其说这是一种回归，不如说是集体无意识的影响，一种潜在的、间断性的影响。原型批评既可以作为文学批评的方式，也可以作为人类学批评和生态学批评范式。文学作品中的"回归"主题可以解释成是一种生态精神的反映，是人类心灵对自然的映射。

回归等文学主题反映人类感性与理性之间的对立，也指示了人类与自然之间的矛盾。无论原始的宗教仪式还是现代宗教，以及不同民族形态各异的祭祀活动，都是该矛盾的体现。一方面人类希望表达对自然万物的热爱和感激，另一方面，则希望通过某种神秘方式从自然中获得力量，从而破除灾祸，实现自我的生存价值。根据弗雷泽及其人类学思想来看，这些活动其实都与传统的巫术相类似，诸如顺势巫术和模拟巫术。即使今天，人类虽然相信科学，但是仍然无法摆脱宗教、艺术、文学等感性形式，因为自然对人类心灵的影响始终是集体无意识的主要内容。

作为仪式的文学作品承载着人类记忆对自然原型的复现，文学作品对自然进行反复歌颂和赞美，并将自然视作一种"原型"。在浪漫主义文学作品中，作家用抒情的笔法和感性的吟咏表达他们对自然的热爱。自然作为至高的信仰，成为作家追求的终极目标。作家通过文学活动，完成其祭祀活动，作家的创作仪式呈现出人类心灵中的自然精神。

借助神话原型批评这种文学批评样式，文学作品被还原为自然形态当中，在自然中寻找精神原型，并与自然融为一体。除了浪漫主义文学之外，现实主义的文学作品同样对自然怀有极大的热忱，他们虽然避免采用华丽的辞藻，他们的作品也很少有奇幻的想象，但是，在他们的作品中，自然绝少被贬低。相反，自然得到极大的尊重，自然天性甚至成为他们追求的目标。

在一些自然主义的作家的作品中，自然有别于浪漫主义作品中的自然，只属于一种自然状态，并且更多地反映社会现实问题，但是自然原型依然在这些作品中起着重要的作用。作家对人类现实社会的抨击，对于生命本真的追求，也是一种回归。消除人类原始欲望，也是出于重新树立自然精神、敬畏生命的目的。自然状态被抽象成一种理念，一种精神。自然精神成为自然主义作家感染读者、唤醒集体潜意识的手段。自然主义对人类自然本真的回归、对消除人类过度欲望的期待等，都是生态精神的体现。

人类心灵从自然中产生，并受到自然的影响。自然作为原型，是具有普适性的，在人类心灵深处，它转化为集体无意识精神。文学作品的表达过程,就是对于自然原型的追溯过程。文学作品的接受过程,可以等同于原始祭祀仪式的接受过程。受众心灵通过整个仪式达到净化,并被赋予自然的力量。文学表现了人类心灵如何在集体无意识的感召下达到最高程度的共鸣。

文学作品的生态精神除了表现在回归自然之外,还表现在它对非人类生物和非生物的尊重。例如中国古代山水田园诗人对自然景物的热爱,山川、河流成为诗人描绘和赞美的对象。诗人对自然的描绘并非只停留在单纯的审美层面,自然景物能够感动人心并让文学家为之倾倒的原因在于自然原型的影响。自然原型已经作为深层次的集体无意识力量隐藏于人类心灵深处,一旦它受到激发,人类便会借助某种方式对自然进行回应。作家就是借助作品来表达内心的震颤,作家往往在写作过程中体验到癫狂和迷乱的情绪,跟祭祀在献祭过程中的状态非常相似,这也证明了自然原型在文学创作中的作用。

普遍强调回归自然的精神生态观念文学创作思想,成为原型批评生态精神的基础:一方面,在生态思想的影响下,荣格的"原型"理论带有深层的精神生态意义。另一方面,文学人类学的研究成果表明,祭祀、仪式、巫术等人类早期活动对文学作品产生了重要影响,反映人类心灵与自然精神的复杂关系。

因此,原型批评在理论来源和批评对象上都与自然有着密切联系。文学作品反映的生态精神在原型批评中也应当有所体现。文学作品作为一种仪式,它对于原型的追溯、对自然的回归以及对自然本真的刻画,也让它自身具备了精神生态意义。与此相应,原型批评对文学作品的分析,必定受到生态观念的影响,甚至可以说,原型批评是一种充满生态精神的文学批评模式。

第二节　后现代视角下的荣格思想

一、荣格生态思想的后现代意义

后现代文学是一个基于现代性文学之上的笼统的概念,至今仍旧没有一个公认的权威概念来明确地定义它。后现代文学最初产生于后现代诗歌当中,例如,马泰·卡林内斯库(Matei Calinescu)就列举了众多相关的诗人:兰德尔·贾雷尔(Randall Jarrell)、约翰·贝里曼(John Allyn Berryman)、查尔斯·奥尔森(Charles Olson)[①]等等,他们的作品反映了一个模糊的、复杂的主题,即后现代主题。

对现代性的反思是后现代文学核心主题,也是后现代文学的精神之一。但是,从起源上看,现代性却是后现代思想的精神来源。包括尼采、海德格尔等哲学家在内,他们既被看作是现代性思想的奠基人,也被视为后现代哲学先贤。在后现代主义者尤其是像哈贝马斯这样的激进主义者看来,现代性结局是失败的,福柯和德里达又进一步渲染了失败气氛。在文学方面,现代性终究难以掩盖悲观主义和厌世心态,以及集体潜意识深处无法排解的人类的恐惧与焦虑——既来自同类之间的竞争,也来源于自然生态破坏带来的短期威胁和长期隐患。这个时期的文学作品,一方面反映了现代性带来的人类的精神危机,另一方面则反思物质欲望无限膨胀的人类对整个生态系统的破坏,并预言人类将毁灭于生态破坏。

在这个基础上,精神生态这一概念(或者说是一种新型的人类精神的存在方式)开始受到越来越多的推崇,它也越来越多地被应用于解决现代性带来的问题。正如让-弗朗索瓦·利奥塔尔(Jean-Francois Lyotard)所说的知识的合法化过程那样,以生态精神为核心的认知体系也是一个着眼于未来的知识系统。解构主义之后,建设性后现代哲学精神的意义也正在于此,它着眼于对未来人类的精神建构,旨在建立一种新型的人类与自然以及整个生态系统的良性关系。

生态文学以及与此相关的生态批评的兴起,可以说是建设性后现代生态运动的重要体现。同那些具有解构主义倾向的后现代文本相比,生态文学更富于建设性意义。卡林内斯库在他的《现代性的五副面孔》[②]中使用当代著名小说家艾柯(Umberto Eco)的先锋派作品为例,阐述现代小说是如何"反传统"的。与传统的文学叙述方式相比,现代文学作品具有许多新颖的特征。但是,先锋派代表的后现代文学对传统主题的反叛无法改变人类焦虑和恐惧的精神状态。艾柯式的中世纪神秘小说能够满足现代人寻求刺激的心理,却不能祛除人类的精神危机。在某些时候,现代文学批评在形式上甚至会走向极端,走向过度阐释。因此,激进的现代文学和部分后现代作品很难为人类精神指引方向,他们的作品也仅限于个人层面的宣泄。与传统作品相比而言,复杂的结构形式虽然说是一种文学对自身的突破,但是在精神实质

① 〔美〕马泰·卡林内斯库:《现代性的五副面孔——现代主义、先锋派、颓废、媚俗艺术、后现代主义》,顾爱彬、李瑞华译,北京,商务印书馆,2002年,第1版,第286页。

② 同上书,第296～297页。

上却并没有很大的进展。尤其是从潜在的心理层面上看，具有解构精神的后现代文学只是现代性的延续，是现代性反叛和破坏性精神的延续。"从两种观点来看，后现代主义都显得是一种'放松'，或是艺术标准的放松，或是审美批评的内在政治标准的放松"①，卡林内斯库的论点切中要害，他的批评代表部分质疑的声音。在他看来，解构主义影响下的后现代文学实际上代表的是一种"不确定性"风格，是文学家在人们头脑里构筑的"幻影"——虚无的、难以捉摸的特性使它遭到很多批评。无论叙述手段还是结构组织方式等文学式样的变化，都不能从根本上阐释后现代文学的真正价值意义。

对新的知识体系的向往，并非存在于少数人中间。在一些现代批评家看来，现代艺术是一种逃避——"艺术家是在逃避内在心灵的混沌状态，逃避神经病患者被折磨受抑制的精神，逃避混乱社会中普遍存在的社会精神病，逃避自我变态心理以及社会的无政府状态"②。人类对自然的破坏以及由此引发的生态危机也让更多的人开始寻找精神出路。同埃德曼(Irwin Edman)一样，更多的人依然希望建立一种精神生态秩序，象征人类回归自然的愿望。

从集体无意识的角度来考察造成人类目前精神危机的原因，是当代精神生态研究必不可少的部分。生态危机包含人类的生存危机和精神危机，象征了意识对潜意识的偏执抵抗。但是，复杂的心理现象给科学研究带来了沉重的焦虑感，难以解释的心理活动更加深了人类对自然的恐惧感，人们只能相信在宇宙中必然存在着能够左右人类灵魂的更大的精神力量，它超出了人类能够理解的范畴。建设性后现代哲学家们想出了折中的办法，他们认为这种伟大精神并非是超脱于人类灵魂之外的，而是内在于人类心灵，是人类灵魂的组成部分。他们的观点是对传统哲学的复归，他们希望将人类的精神引向壮阔的宇宙。

在哲学之外，荣格心理学精神对现代科学和人类现代文明的影响还可以从文学和心理意象的角度得到印证，斯宾格勒(Oswald Spengler)在他的《西方的没落》中是这样"定义"现代心理学的："每一种心理学都是一个反物理学。"③这样看来，心理学担当的工作同诗歌扮演的角色是一致的，尤其是

---

① 〔美〕马泰·卡林内斯库：《现代性的五副面孔——现代主义、先锋派、颓废、媚俗艺术、后现代主义》，顾爱彬、李瑞华译，第 317 页。"两种观点"分别指拒斥后现代主义的"保守"(格林伯格式)观点，和把后现代主义等同于文化消费主义的"激进"(新马克思主义)观点。

② 〔美〕欧文·埃德曼：《艺术与人》，任和译，北京，工人出版社，1988 年，第 1 版，第 83 页。

③ 〔德〕斯宾格勒：《西方的没落(第一卷)》，吴琼译，上海，上海三联出版社，2006 年，第 1 版，第 289 页。

以荣格为代表的精神分析心理学。在斯宾格勒列举的几种心灵形式中，阿波罗式的心灵形式和浮士德式的心灵形式之间的差别正好象征了后现代哲学与现代性以及现代文明之间的矛盾，它们以“对立”[①]的姿态呈现出了现代文明之下人类灵魂的挣扎以及它所承受的焦灼。浮士德博士在宇宙中横行却最终败给心魔的悲剧再次浮现，他曾经在某个瞬间以为自己征服了自然，却在那个瞬间死亡。在悲剧的最高潮、在那个高峰体验的瞬间，他向观众怒吼着：假如你们不想自取灭亡的话，就去寻找另外的道路，任何人休想寄希望于上帝，因为它早在现代文明诞生之初就已经死去了。斯宾格勒甚至将浮士德的象征意义比作是哥特式建筑的尖顶，它极富悲剧意味：那建筑直刺天空，象征了人类对全能上帝和美好天堂的向往，却潜藏着深层、隐晦的内容，那里是幽深黑暗的、是不可告人的贪婪和欲望的栖息地，是“主格的‘我’的实现”[②]，这便是现代性所尊奉的“从托马斯·阿奎那到康德的整个浮士德式的伦理学”[③]。对于宇宙和自然来说，教堂尖顶的高度几乎可以忽略不计，天空依然遥远，人的灵魂永远不可能顺着尖塔直达天堂，这只不过是一个美好的梦，人类只能在梦中实现征服自然的理想。

对于斯宾格勒来说，即使是在科学昌明和理性高度发达的今天，人们的“世界感”[④]并未因历史的发展而有所改变。他所谓的“世界感”同荣格所说的集体无意识是一致的，它们在人类的整个历史进程中扮演了相同的角色：在浮士德式的生命感面前，文学和艺术作品中那些表现静态情感的部分，就被称作是消极甚至颓废的，它们与人类的“能动的、好战的和渴望胜利的存在”[⑤]方式相抵触，与此相应，文学艺术家的精神之路与人类文明的发展之路亦是背道而驰。

斯宾格勒在描述现代艺术中的自然同古典时期人们眼中的自然之间的差别时做了如下判断：

> 时常有人说古典人缺乏对自然的感受。古典人确实对浮士德式的自然没有感觉，那是空间和风景的自然。可古典人的自然是形体，如果我们可以让自己再次沉浸于这种情感，我们立刻就能理解希腊人借以审视运动中的有力的裸体浮雕的眼力。这——而不是云彩、星星和地

① 〔德〕斯宾格勒：《西方的没落（第一卷）》，吴琼译，第293页。
② 同上书，第297页。
③ 同上。
④ 同上书，第300页。
⑤ 同上书，第303页。

平线——就是他所理解的“活生生的自然”。①

在古典时期的艺术世界里，僵死的自然是被排斥在艺术和心灵之外的。自然绝不仅仅是一个被观察和审视的对象，它是存在于人类体内的、灵魂之内的精神，它是有机的、流动着的整体，它并没有因时间的流逝而发生改变，它沉淀于潜意识深处。但是，伴随着文明的演进，它却成为人类灵魂深处被压抑的部分，只有在诗人的创作中偶尔展现其原初面貌。通过诗歌，人们依然无法识别自然的全貌，只能够感悟到某种生命的气息。即使人类愿意随着感觉的召唤走向潜意识，却总是被积习、欲望、恐惧、偏执等等情感所羁绊，它们也是束缚人类走向自然精神的障碍。

综上所述，后现代思想家主张的信念，既是对古典智慧的复归，又是对心灵深处某种隐秘之物的探寻。他们更愿意用神秘来代替科学，以神话传说和童话故事来理解世界，他们肩负的事业正是由荣格在世纪初所开创的——人类精神的回归之路。对于文学研究来说，集体无意识理论解释了个体无疑是难以解释的文学现象，尤其是文学作品中人类心灵与自然以及宇宙精神之间的关系。荣格对现代人精神状况的分析表明人类精神正在走向衰落，现代文明并没有给人类灵魂带来真正的安宁，相反，人们正在承受前所未有的精神危机。焦虑、偏执以及恐惧等情感对人类心灵的作用远远超过了性本能及其压抑的影响。但是，荣格并没有放弃疗救人类灵魂的努力，他希望能够找到人类精神的救赎之路。

二、后现代理论对于精神生态批评的价值

后现代理论兴起于20世纪后半叶，按照佩里·安德森(Perry Anderson)的系谱学理论，现代主义随着“美国中西部高层建筑的拆除”②逐渐失去其理论统治地位，后现代观念被人们接受则始于《后现代状况》一书的出版。系谱学理论一种“将事物‘陌生化’的方法”③。它的最终目的在于通过“严格的道德观察的描述”对“价值进行批判分析”并“最终达到重估人的价值”④。该理论对生态批评也具有重要意义，它可以从历史的高度更为确切地评价人类在整个生态价值体系中的地位。

---

① 〔德〕斯宾格勒:《西方的没落(第一卷)》，吴琼译，第314页。

② 〔英〕佩里·安德森:《后现代性的起源》，紫辰、合章译，北京，中国社会科学出版社，2008年，第1版，第23页。

③ 王治河主编:《后现代主义辞典》，北京，中央编译出版社，2005年，第1版，第633页。

④ 同上。

按照系谱学理论，后现代实质上起源于人们对现代性思想及其理论的反思，多元化理论和视角的兴起、科学技术新理论对现代科学理念的反驳等都为后现代理论的发展铺平了道路。关于“建设性后现代”这个概念，可以参考王治河主编的《后现代主义辞典》中的解释：

> 建设性后现代主义（constructive postmodernism），又称“建设性的后现代主义”。系后现代主义的另一种重要表现形态，兴起于20世纪80年代末90年代初。如果说激进的后现代主义侧重于对西方上千年来占统治地位的思维方式进行摧毁的话，那么，建设性的后现代主义则侧重于在激进后现代主义开辟的空间中从事建设性的耕耘。顾名思义，这种后现代主义的最大的特征在于它的建设性。建设性的后现代主义的代表人物主要是美国的罗蒂、霍伊和格里芬。①

重构人类的世界观，重新定义人类在自然界中的位置，以及重塑人类与自然的新型关系等都是建设性后现代理论最为关注的问题。《后现代主义辞典》还对格里芬的后现代理论作了进一步说明：

> 这种后现代主义认为，后现代主义解救“正歪歪扭扭地、毫无意义地走向人种自杀”的现代人的尝试的第一阶段，应集中在两个方面，即恢复生活的意义和使人们回到团体之中，因此，这种后现代主义十分推崇“绿色运动”，因为它所倡导的“内在关系”理论，“有机论”以及对时间的新关系在“绿色运动”中得到了很好的体现。它们主张用“绿色运动”的精神来“绿化”我们的政治，我们的精神以及我们的文化。②

生态运动从属于“绿色运动”（包括生态运动、环境保护运动等在内的一系列运动的总称③），其指导精神即建设性后现代所倡导的生态精神。对现代性理论的批判和解构并非建设性后现代哲学的主要目标，建设一套符合后现代生态思想的理论体系才是它的核心精神。大卫·格里芬借用心理学理论生动地阐述建设性后现代理论的精神实质：“如果说现代性是父权制文化的极端表现，因而，对现代性的恐惧唤起了人类心灵对父权制所包含的东西的

---

① 王治河主编：《后现代主义辞典》，第338页。

② 同上书，第341页。

③ 同上书，第428页。

恐惧的话，那么，对现代精神的超越可能还会导致对父权制精神的超越，因而也是对过去数千年的主流的超越。”①建设性后现代理论对现代性的解构，有助于人类心灵从现代性的牢笼中解脱出来，走向新的世界观和新的理论体系。这个新的理论体系可以帮助人们更好地认识自身，并调节人与自然的关系。现代理性让人类走向极端，它给自然和人类自身带来了毁灭性的灾难。同解构主义者的愤怒相比，建设性后现代思想家则希望重建良性的生态系统。

1. 对现代性的质疑及生态问题

自从启蒙运动以来，现代性及其理论体系逐渐在人类历史中确立了自己的地位。包括自然科学、人文科学在内几乎人类知识领域的所有方面都被打上了现代性的烙印。它为人类以及整个世界都带来了巨大的改变。人类从来没有如此深切地体验到自身的力量，曾经借助图腾崇拜、宗教仪式等确立的人类主宰世界的精神幻想，都在现代科技强大推动力之下变为现实。科学家们自信满满地宣称地球已经进入了“人类纪”。

但是，现代性给人类带来了许多前所未有的复杂问题，现代理性和科学精神对待自然的态度也给自然带来了巨大的破坏。人类内心的欲望和征服自然的野心无限度地膨胀起来，人类心灵深处的矛盾和焦虑潜藏于种种表象之下。现代科学让人类对自然的态度经历了复杂的变化过程，起初，达尔文进化论虽然让人类重新认识自身并从上帝宠儿的神坛上走下来，却立刻进入另一个误区，“万物之灵”的美梦成为现代科学创造的新神话，但是，这个梦很快在生态危机面前走向崩溃。进化论虽然扭转了神学时代人类对自身的过度崇拜，却未能将理性引入正确的方向，反而推动它迈向偏执和极端。福柯认为：“当自然史成为生物学，当财富分析成为经济学，尤其当语言反思成为语文学以及存在和表象共同所处的那个古典话语消失时，那么，在这样一个考古学突变的深刻运动中，人与其模糊的位置一起出现，即作为知识对象和认识主体：被奴役的君主，被注视的观察者，人出现在国王的位置中。”②当自然成为科学所关注的客体的时候，人类自身也逐渐失去自己的地位：科学替代了神，成为这个世界的主宰，人本身都只是作为一个词——“一个生物，一个生产工具，一个词的工具”③而存在。现代性最终把人类推向机械化的边

① 〔美〕大卫·格里芬编：《后现代精神》，王成兵译，北京，中央编译出版社，2005 年，第 1 版，第 27 页。

② 〔法〕米歇尔·福柯：《词与物》，莫伟民译，上海，上海三联书店，2001 年，第 1 版，第 406～407 页。

③ 同上书，第 406～408 页。

缘，人类成为科技的附庸。

现代生态学让人类认识到自己不过是生态系统中的一环，甚至是“可有可无”的一环。就像许多被人类灭绝的生物一样，人类担心自己有一天也会遭遇灭顶之灾。科学和理性开始遭到怀疑，人们越相信理性和科技，就需要面对越多的生态问题。

现代性带来的问题还包括人类精神的异化，它主要体现在文学艺术领域。从浪漫主义到现代主义，文学作品表现了各种惶惶不可终日的灵魂。现代性文学本身既是现代性的，又是反现代性的。① 现代文学既反对传统的、古典主义的、教条的文学形式，又对现代文明给人类带来的种种问题进行激烈批评。18 世纪之后的现代理性及其代表的新兴资本主义精神并没有在文学和艺术领域得到承认。纯文学和艺术作品尽可能地收留人类的精神原貌，而科技论文已经彻底将精神、灵魂等词汇归入迷信、落后、阴暗并需要加以抛弃的类别。这一结果并历史的非偶然，从笛卡尔（René Descartes）开始，人类精神同肉体相分离，能够看到、摸着的只是肉体存在，精神被搁置。

将精神从身体当中移除，也就成为世界“祛魅”的开始。失去了精神，人的身体就只不过是实验室的研究对象，同科学家圈养的小白鼠并没有太大的差别。自然精神只存在于文学作品和人类记忆深处，不再为处理人与自然关系提供任何有“价值”的依据。自然的一切都不再神秘，人类不再充满对美好幻觉的向往之情，甚至连古代神话都被贬低为荒诞和迷信的谣言。现代性所宣扬的“祛魅”是对人类心灵中自然精神的摈弃。虽然现代性的初衷是为了把人从自然中解脱出来，例如，把人从繁重的工作——这种工作正是人类妄图摆脱自然控制、满足自身欲望而从事的、永无休止的劳动——中解脱出来。但是，人类灵魂并没有在现代性的伟大成就里得到真正的安宁，暂时的慰藉更带来无限欲望的膨胀，恐惧非但没有消失，人类却开始担心生态破坏引起的自然的报复。现代人对生态灾难的恐惧要比原始人对自然的担忧深刻得多。

在生态方面，现代性造成的负面影响最为严重。对于现代科学来说，自然只是提供资源和研究的对象而已，自然不具备意志，更谈不上精神。与古典时期相比，现代主义更强调人类与其他生物之间在理性上的差别，人类精神与自然精神的区别恰恰在于人类拥有理性。正如笛卡尔的名言“我思故

① 〔美〕马泰·卡林内斯库：《现代性的五副面孔——现代主义、先锋派、颓废、媚俗艺术、后现代主义》，顾爱彬、李瑞华译，第 284 页。

我在"所阐释的，理性精神在人类意识当中占据了至高无上的地位。人类的自我意识与自然生态精神被割裂开来，现代性对自然地位的否定将人类心灵深处对自然的恐惧转变成深层敌意，征服自然的原始欲望成为现代人类集体心理的重要特征。如果站在理性的角度来看，一旦人类失去“思考”的能力，也就同自然界中的其他生物以及非生物并没有太大的差别，就像癫狂病者不被他人视为同类一样，现代理性成为人类与自然之间不可逾越的鸿沟。它同时也作为人类保护自己、控制并征服自然的手段而受到追捧，理性占据了人类思想的全部，其结果就是理性和科学代替了神，成为拯救人类的“新神”，自然则成为最大的敌人。

人类并非从当代以来才开始对现代性进行反思，只是随着现代社会的演进越来越深刻。最为明显的特征就是精神的地位逐渐得以恢复。在这个前提之下，“祛魅”本身也开始遭到越来越多的质疑。对此，福柯在他的《词与物》中证明，他对思、人类以及非思的阐释，都向人类宣告了这样一种信仰，“非思”(或可理解为非理性)作为与人类同时出现的存在物(“在考古学层面上，人与非思是同时代的”①)，作为“他者”(相关于人，非思就是他者[I'Autre]②)即是与人相同者③。

由此可见，人类集体潜意识中仍然保留着敬畏自然的记忆，它起初被压抑于现代理性之下，后现代精神则希望能够恢复它的合法地位。重新发掘并审视这部分记忆，人类才能真正看到现代性对人类心灵以及整个自然精神所带来的破坏。

2.后现代状态——大卫·格里芬之前的后现代理论

利奥塔尔的《后现代状态》开创了新的时代精神——后现代精神。正如利奥塔尔在其著作开篇所引述的，“随着社会进入被称为后工业的年代以及文化进入被称为后现代的年代。知识改变了地位”④，现在看来，所谓“知识改变了地位”，应当是指以崇尚现代科学和理性为核心的知识价值体系的改变。

利奥塔尔将知识分为两种，一种是科学知识，即现代科学和理性诞生以来为人们所倡导的现代科技知识；另一种则是非科学知识，例如：“叙事知识”、“通俗知识”、“习俗经验”，等等。在前一种知识看来，后一种代表了非

① 〔法〕米歇尔·福柯：《词与物》，莫伟民译，第425页。

② 同上。

③ 同上书，第428页。

④ 〔法〕让-弗朗索瓦·利奥塔尔：《后现代状态——关于知识的报告》，车槿山译，北京，生活·读书·新知三联书店，1997年，第1版，第1页。

理性的、未开化的甚至是野蛮的文明形式，包括“寓言、神话、传说”等诸多类型。在前者建构起来的知识体系中，后者是缺乏“合法性”的。

然而，恰恰是这种被现代知识系统和理性结构看作黑暗、愚昧以及落后的非法的“另类知识”形式，却成为后现代知识的来源。后现代诞生的前提条件正是两种知识彼此之间的区别和分裂。根据利奥塔尔对科学和技术的论述来看，技术最初的目的是为了增加人的力量，而非仅仅出于人类对知识的渴求，即“不是为了掌握真理，而是为了增加力量”①。这一观点同精神分析心理学对人类个体潜意识和集体潜意识的形成及其内在动因的研究是一致的。从集体无意识心理的角度来看，人的精神是依附于自然精神的，但是人类内心深处却并没有放弃摆脱自然控制的希望。控制自然的欲望促使人类不断寻找一种可以把握的、超越自然的方法，例如原始的图腾崇拜、中世纪的神以及现代社会的科技等。人类在欲望的控制下走向自然的对立面，并逐渐将自然视作敌人。

所谓“非法性”知识正是那些可以促使人类走向与自然敌对的反面——人类与自然和谐相处——的知识：“通常，人们认为自然是一个冷漠的对手，而不是一个狡诈的对手，人们在这种差异的基础上区分了自然科学和人文科学”②。文学艺术作品对自然神秘的描绘、对自然精神的渴求等，都是被科学和理性斥为“非法”的知识。“一个合法化叙事的主体是人类，人类是自由的英雄。”③只有人类才是这个知识系统的唯一合法主体，人类是领导世界的英雄，这个世界包括自然界的一切生物和非生物。

从笛卡尔开始④，征服自然的宏伟理想就成为社会的主流思想。人类精神也由此被提升到一个史无前例的高地。对于现代性而言，这个“地位”意味着光明、进步和理性，对于后现代来说，现代人的“进步”并不见得比原始人的思维来得更高明，尤其是在对待自然这个问题上，现代性似乎“走得太远了”⑤。人类创造出用于抵御自然、控制自然的东西几乎要成为促使人类加速灭亡的怪物。包括对同类的征服和控制在内，人类对自然的方式与对待同类的方式并无实质区别。如果说人类对待同类的行为更多地受到个体无意识影响的话，那么，人类对待自然的态度则是个体无意识心理的无限

---

① 〔法〕让-弗朗索瓦·利奥塔尔：《后现代状态——关于知识的报告》，车槿山译，第 95 页。

② 同上书，第 122 页。

③ 同上书，第 67 页。

④ 对此，可参见〔美〕大卫·库尔珀：《纯粹现代性批判》，臧佩洪译，北京，商务印书馆，2004 年，第 1 版，第 22 页。大卫·库尔珀引用笛卡尔《方法谈》所说，人类将成为“地球的主人和主宰”。

⑤ 同上书，第 23 页。

放大，并构筑了人类的集体无意识。人类个体生存的小环境是人类在自然大环境的缩影，对待同类的残忍、冷酷取决于集体潜意识深处的恐惧、焦虑与偏执等心理模式。

从一开始，后现代理论就在各个层面上对现代性发起挑战。尤其是在世界观和价值观上，现代性通过理性和科学所建立起来的价值体系遭到后现代的批判。在后现代生态观看来，现代性强调的个人主义精神其实就是人类中心主义的"微缩版"，强调个人利益和个性发展，是造成人与人之间精神危机的根源。现代性对人类个性的解放，让人们摆脱了中世纪神学的教条，也将这种解放引向极端——对他者利益的彻底无视。人类自信心以及自我欲望的无限膨胀，反过来导致现代人类的精神和社会危机。后现代精神，特别是建设性后现代倡导的生态精神，正是为了挽救目前人类的精神危机，建立人类心灵的精神生态平衡。

对现代化的抵制、对传统的回归，让人想起文艺复兴时期，哲学、文学以及艺术对古希腊文化的复兴，复兴本身并非运动的意义，重拾传统艺术的精神才是其真正目的。后现代精神正是希望把人类的脚步从现代性飞速发展的轨道上拉回来，重新认识自身以及这个世界，并重新定位自己。

文学艺术领域对现代性的"解构"要来的更早，关于这一点，从人类进入现代工业时代开始，浪漫主义作家的作品就不断发出这样的声音——反思、质疑和回归的声音，直到生态文学的出现。文学艺术家看到的不仅仅是所谓人类的进步与发展，还看到进步背后的危机，尤其是人类的精神危机。假如无视这一危机的精神性影响，人类的"进步"就只不过是促使自己走向灭亡的催化剂。文学和艺术领域的思想"逆流"鼓舞了后现代主义者。在后现代理念的冲击下，从启蒙运动以来，层出不穷的伟大的哲学家、科学家建立起来的系统化的世界开始面临眼中的精神危机。

对现代性的批判和解构，并非后现代的最终目的，现代性的终结也只是后现代之路的一个过程。大卫·库尔珀（David Kolb）用了一大段内容来阐述现代性的终结问题，许许多多的旧的占统治地位的理论将被抛弃（其中包括二分法、唯一理性、统一性等），代之以新的观念——多元化（多样性）。[①] 承认多样性的存在，也就意味着人类不再是这个世界的唯一，自然世界的诸多元素将取代人类一元模式。在这个支点上，人的思想也开始朝生态思想迈进。对现代性的结构进行"拆除"之后，解构主义在一个更高的层面上完成了对自身的建构。

---

① 〔美〕大卫·库尔珀：《纯粹现代性批判》，臧佩洪译，第394～395页。

3. 大卫·格里芬的建设性后现代理论

大卫·格里芬在其编著的《后现代精神》和《后现代科学》中阐述了建设性后现代的理论体系，他同“后现代世界中心”的学者们一道为建设性后现代开辟了全新的理论视域，他们对精神生态危机、人与自然的对立以及建立新的世界观等问题的阐释为生态批评提供了理论依据。

在对现代性问题的解构方面，建设性后现代主义者们也是站在生态立场上的。机械论的自然观成为他们首先批判的对象。在机械论自然观看来，自然与人类是相互分离的，人类是高于自然界一切生物和非生物的存在体。这一观点在建设性后现代主义者看来是难以接受的，而且它正是促成人类与自然紧张关系的思想根源。

后现代理论诞生之前，人类的各种理论所做的一切都只是为了巩固“人类是万物的主宰”这一思想。现代性理性借助强大的科学和技术力量让人们更加相信这个世界是为了人类而创造的。对此，以格里芬为代表的后现代主义者有着深刻的反省，他们看到的不是人类对自然随心所欲的统治，而是在人类与自然“敌对”过程中人类所蒙受的损失以及未来可能遭遇的更大灾难。

在建设性后现代主义者看来，进化论和人类进步观非但没有改变人类与自然相互敌对的状况，反而加剧了人类的“自我中心主义”观念，科学和理性取代神学确立人在自然中的统治地位。人类中心主义随即成为现代社会的主流思想，在精神生活和社会生活的各个领域占据上风，自然亦成为人类精神生活的附属品。

建设性后现代主义者承认人类精神具有独立的实存意义，否定理性对心灵的控制。但是，他质疑的并非科学本身，而是针对科学和理性引导下人类精神的发展方向。对于后现代主义者来说，正是科学和理性误道人类的思想，并将其引向歧途。科学和理性取代了神性，却并没有为人类找到真正的灵魂，人的心灵依旧处于焦虑之中。

建设性后现代主义否定人类中心主义及其前身个人中心主义，[①]它强调自然万物之间的关系，关系并非独立于个体之外，相反，关系是从属于个体内部的属性，是构成了整个世界的基础。无视事物之间的关系，就不可能认识世界的真正内容。

---

① 除了科学和理性精神之外，个人中心主义是现代主义的另一个重要观念。现代主义崇尚个人中心主义，重视个人价值，无视整体利益，这一观念遭到后现代主义最为激烈的批判和斥责，建设性后现代主义者认为个人中心主义就是人类中心主义的根源，也是影响人类心灵领悟自然精神的最大障碍。从精神分析心理学的角度来看，个人中心主义是人类集体潜意识对自然恐惧的直接反映。

建设性后现代生态主义一个重要特征就是强调关系，"关系"作为事物存在的范畴，在格里芬和他的追随者们眼里，较个体的独立存在来说更为准确地描绘了人类的生存状态。在建设性后现代主义的基本理论体系当中，关系指的是人类与自然万物之间的内在联系，甚至是个体存在的内在和本质属性。在这些内在联系当中，人类不再是作为高于自然界的实体而存在，人类整体只是作为关系的一部分从属于整个自然生态之中。

正如格里芬所说："个体并非生来就是一个具有各种属性的自足的实体，他（她）只是借助这些属性同其他事物发生表面上的相互作用，而这些事物并不影响他（她）的本质。相反，个体与其躯体的关系、他（她）与较广阔的自然环境的关系、与其家庭的关系、与文化的关系，等等，都是个人身份的构成性的东西。"①他的观点进一步证明，脱离于自然之外的人类存在是虚妄的，人类不可能置身于关系之外，即人类不能超越自然成为自然的主宰，自然万物与人类之间的关系是构成人类的基础。

承认自然关系是构成人类的基础，就意味着否定人类中心主义。在建设性后现代主义看来，人类中心主义正是现代性的首要原则。对个人中心主义的否定，对于生态主义和生态运动来说是具有建设性意义的，它让人们重新反思人与自然的关系问题："后现代观就产生了这样一种精神，它把对人的福祉的特别关注与对生态的考虑融为一体。"②人类在自身之外必须考虑自然界其他物种的生存，人与自然界其他生物之间的关系是人类存在的基础。

建设性后现代主义对人类中心主义的批判，为生态主义运动提供了理论支持。对现代性的批判并非格里芬的最终目的，他希望建立一种新的批评范式和新的"人类存在方式"③。对韦伯（Max Weber）及其现代性理论的批判，是格里芬对其后现代理论特征的重要补充和诠释。韦伯在他影响世界的名著《新教伦理与资本主义精神》中坚持基督新教对近代资本主义精神的重要影响："现代资本主义精神，以及全部现代文化的一个根本要素，即以天职思想为基础的合理行为，产生于基督教禁欲主义。"④在后现代主义者看来，这一思想是现代主义的发端——新教核心教派之一的加尔文宗坚持

---

① 〔美〕大卫·格里芬编：《后现代精神》，王成兵译，第22页。

② 同上书，第23页。

③ 〔美〕大卫·格里芬：《和平与后现代范式》，同上书，第214页。

④ 〔德〕马克斯·韦伯：《新教伦理与资本主义精神》，彭强、黄晓京译，西安，陕西师范大学，2002年，第1版，第174页。

“以消除神秘主义作为获救”①的方式，从这个发端能够显现现代性“世界祛魅”的原型。建立在新教禁欲主义伦理基础上的早期资本主义精神，对现代人类精神的影响是深远的。韦伯在分析天主教的基本精神时就看到，“牧师是表演圣餐化身奇迹的魔术师，他手中掌握着通往永生的钥匙。人们可以在悲伤或悔过时向他祈求。他掌管赎罪、恩典的希望、宽恕的肯定，因此可以使加尔文教徒从无情的命运所注定而又无法缓和的巨大精神紧张中得到了解脱”②。与此相比，新教则更为极端，早期新教徒倡导的禁欲、节制以及有规律的生活，都在资本主义精神中得以体现。人类对自然的真正征服也从这里开始。随着人类对自然认识的进步，以及人类生存状况的改变，资本主义早期禁欲主义逐渐被抛弃，禁欲、节制精神逐渐被人类对自然无限制开发所取代，但是，现代主义却仍然继承了早期资本主义精神对自然的基本态度——“克服‘自然状态’，使人摆脱不理智的冲动的支配，摆脱他对尘世及自然的依赖”③。现代主义对这一信条几乎奉若神明。在现代主义者观念里，自然以及非人类生物最多只是人类之外未能得到上帝垂青的物种。

格里芬希望把人类观念中的自然（包括非人类生物和非生物）从机械的、僵死的以及边缘化的状态下解救出来，恢复到活的、有机的甚至是原始的状态。格里芬在《后现代科学》中详尽论述了“复魅”的意义，如凯尔纳(Douglas Kellner)等人所说，“后现代科学的倡导者们信奉混沌原则、不确定性和解释学，有些人还要求实现‘自然的返魅’”④。格里芬就是“有些人”之一。自然的复魅可以被视作现代主义自然观的逆动。建设性后现代学者认为自然不应当只是一个提供资源的对象，而是一个可以完成自我调节并拥有活力的有机体，人类与自然之间的关系是内在的，而非外在的，正因如此，人类对自然的认识就还伴随有感性的体验，而非全部是理性。这也是文学艺术之所以在科学、理性发达的今天仍然追求非理性自然精神的原因。自然的复魅，看起来似乎具有种神秘主义的色彩，它更像是人类对隐匿于内心深处某种激情的追寻。

自然复魅的根据来自观念的复魅，格里芬的目的在于建立后现代的新的理论范式。正如格里芬所看到的，科学本身是一个祛魅的过程，科学能够

---

① 〔德〕马克斯·韦伯：《新教伦理与资本主义精神》，彭强、黄晓京译，第 99 页。

② 同上。

③ 同上书，第 102 页。在韦伯看来，这一精神，主要来自西方中世纪和古典时期的传教士。

④ 〔美〕道格拉斯·凯尔纳、斯蒂文·贝斯特：《后现代理论——批判性的质疑》，张志斌译，北京，中央编译出版社，2004 年，第 1 版，第 36 页。

揭示真理,解释世界的奥秘,但是却没有为人类心灵找到合适的栖身之处。① 借助科学,人类对自然有了新的认识,但是科学对自然的诠释却并没有让人类心灵克服恐惧和焦虑。科学将世界分为相互独立的实体,忽视其中内在的关系。科学是人类认识世界的方法,却不是人类理解世界的全部,科学虽然能让人类心灵逐渐远离自然,理性精神却无法让心灵摆脱集体无意识的影响。科学寻求真理的目的在于实现人类对自然的控制,科学将人类从自然万物的各种关系中独立出来,从这点来看,科学精神更像是人类"弑父"情结的极端反映。

建设性后现代精神正是为了修正科学祛魅带来的种种问题,"后现代的有机论除了为解决主要源于祛魅而产生的现代性的特殊问题提供了依据外,还在理解科学本身的统一性方面为科学提供了比以往更好的依据"②。当然,作为宗教学以及过程神学研究者的格里芬,他的最终的目的是为了将神学、科学以及哲学相融合,但是他的理论却为生态批评提供了理论依据,建设性后现代的基本理论同生态思想不谋而合:自然是一个有机体,自然与人类的关系是帮助构成了人类实体,人类与自然是密不可分的,人类并非自然的中心,只是自然综合关系体系当中的一部分。生态问题得到前所未有的重视,其原因就在于后现代哲学理论将关系视作实体存在的一部分,甚至是实体不可缺失的属性,相应地,人类与其所处自然之间的关系也是人类的基本属性。该观点也是建设性后现代理论最引人注目之处。建设性后现代主义者希望改变人类对自然的传统看法,从而改变人与其他生物以及非生物之间的关系,最终构建和谐的生态系统。

相对于解构性后现代主义来说,大卫·格里芬所构筑的建设性后现代精神是一种极大的转变,由于避免了解构性后现代理论的种种缺憾,建设性后现代思想更容易让人接受,也更容易同生态批评和生态思想相结合。在新的理论视域下,人类的生存问题和自然的价值权利问题成为哲学和文学关注的焦点。

4.建设性后现代理论体系的生态精神

对生态问题的关注体现了建设性后现代的基本精神,所谓"生态后现代主义"(ecological postmodernism),就是在这个基础上应运而生的,它是"后现代主义的一个新的发展形态,建设性的后现代主义的一个重要组成部分,

---

① 〔美〕大卫·格里芬:《引言:科学的返魅》,〔美〕大卫·格里芬编:《后现代科学》,马季方译,北京,中央编译出版社,2004年,第1版,第2~11页。

② 〔美〕大卫·格里芬:《引言:科学的返魅》,同上书,第43页。

由美国著名生态女权主义理论家查伦·斯普瑞特奈克(Charlene Spretnak)提出”①。后现代目的论更是将实现自然整体利益视作人类生存的最终目的,这是一种同过去的本体论相异、却更益于重构人类与自然关系的新的世界观。②

在后现代主义者眼里,现代性没能给人类带来终极幸福,相反,它却将人类引向“死胡同”,将人类与自然的关系引向“绝路”。人类必须寻求另外的途径来解决人与自然的关系问题——寻求一个合理的后现代的生存方式。改变人类的生存方式,首先取决于人类对自然观念的改变,人类应该以一种有别于现代理性的观念来理解自然和整个宇宙。在约翰·科布(John Cobb)看来,正是后现代生态学引领了全新的后现代世界观——即后现代的生态学世界观。这一概念的提出是建立在怀特海过程哲学(或过程神学)思想和近代生态学家的观点之上的。③

但是,后现代生态学世界观与生态学世界观两者并非同一个概念,约翰·科布在《生态学、科学和宗教:走向一种后现代世界观》中指出,有两种生态学世界观,即深层生态学和后现代生态世界观。深层生态学过分强调自然整体的利益,反而忽视人类个体的利益(即“深层生态学悖论”)。而后现代生态世界观“提倡一种科学和宗教的改良,但它与现存的趋势保持了明显的连续性,并从某些方面回归到了古典宗教的源头。它最初并不强调整体,而主要着意于构成整体的个体”④。对于后现代生态世界观来说,协作应当取代竞争成为人类社会最重要的组成原则。约翰·科布认为人与自然之间的关系是构成人类主体的属性,人类的社会生活是由自然内在的各种关系所维系的,“生态世界观将固有的实在以及活动和体验重新归于自然”⑤。

后现代生态世界观是一种建设性世界观,它将人类置于复杂关系的价值

---

① 王治河主编:《后现代主义辞典》,第550页。

② 同上书,第255页。王治河在他的《后现代主义辞典》中更是将后现代目的论作了详尽的阐释,在这些观点当中,他们主要坚持几个方面,即自然并非机械的,而是一个有机的整体,这个有机整体有其内在的目的性,人类也包容于这个有机整体当中,因此人类在实现自我生存的过程中,也应当考虑自然整体的利益。在精神层面,人类应当对自然怀有“敬畏”和“崇敬”之情。这种新的自然观实质上是从属于建设性后现代理论体系之中的,它的核心思想也构成了后现代自然观的基础。新的世界观对于建设性后现代的生态建构,尤其是在人类精神层面的构建来说具有非常重要的意义,也使建设性后现代理论具有了一种独特的精神气质。

③ 参见王治河主编:《后现代主义辞典》,第383页。

④ 〔美〕小约翰·B.科布:《生态学、科学和宗教:走向一种后现代世界观》,〔美〕大卫·格里芬编:《后现代科学》,马季方译,第149页。

⑤ 同上书,第152页。

体系当中，重新审视人类的生存价值，它既避免深层生态学强调整体、忽略个体价值和利益的片面性，同时也考虑到了整个自然界（包括所有物种在内）的利益。后现代哲学不仅关注人类的生存利益，而且强调人类与自然界其他物种共同的利益。建设性后现代哲学思想产生了很多积极的影响，就连对后现代理论持批评态度的凯尔纳等也不得不承认现代性给人类带来的种种问题："现代性的建构也给很多人带来了难以计数的苦难和不幸，这些受害者包括受资本主义工业化压迫的农民、无产者和工匠，被排斥在公共生活圈之外的妇女，以及在帝国主义的殖民地过程中被灭绝了的那些种族。"①

生态学能够在哲学上找到依据，并得到哲学理论的支持，是人类历史上的一次伟大的变革。从此人类掌握了另一种认识世界的方式。正如科布所希望的那样："还有另外一些人，对于他们来说，万物相互联系的观点已成为一个包揽一切的氛围，其他科学，以及经济需求和军事政策所提出的问题，都要在这个氛围中加以考虑。"②在生态世界观的指引下，人们将有机会改变现代性对人类思想的误导，人类心灵深处的生态直觉将会被唤醒，依靠新的世界观和方法论，人类也会逐渐消除对自然的敌意。正如凯尔纳所指出的那样，后现代在美学和文化领域内的一个突出特点就是"拒斥现代理论所预设的社会一致性观念及因果观念，赞成多样性、多元性、片段性和不确定性"③。后现代主张多样性，这与生态学的基本观点不谋而合，生态强调生物多样性以及物种之间的多样、复杂的关系，非人类生物的生存权及其与人类的平等关系对于维护整个生态系统的稳定和生命多样性来说至关重要的。

建设性后现代理论的生态精神还不止于观念层面，后现代主义者更迫切希望建立新的思想模式——生态模式。支撑这一新的理论模式的基本观点依然是"关系"，"内在联系决定了一个实体的性质，事实上甚至可以说决定了其存在"④。值得强调的是，这里所谓的实体也包括人类在内。后现代生物学以及受此影响的后现代生态学坚持认为，内在联系决定了人类的性

① 〔美〕道格拉斯·凯尔纳、斯蒂文·贝斯特：《后现代理论——批判性的质疑》，第 3 页。

② 〔美〕小约翰·B.科布：《生态学、科学和宗教：走向一种后现代世界观》，〔美〕大卫·格里芬编：《后现代科学》，马季方译，第 147 页。

③ 〔美〕道格拉斯·凯尔纳、斯蒂文·贝斯特：《后现代理论——批判性的质疑》，张志斌译，第 5 页。

④ 〔澳〕查尔斯·伯奇：《后现代对生物学的挑战》，〔美〕大卫·格里芬编：《后现代科学》，马季方译，第 99 页。

质和生存价值。关于这一点，伯奇(Charles Birch)认为："根据内在联系的观点，人一旦离开了他(她)周围的环境，就不再是同样一个人。"[①]从相互割裂的观点，走向复杂关系体系，建设性后现代理论预设了生态学的新模式，它还将生物进化理论囊括在内——实体内在联系的变化取代了主体进化。[②] 确切地说，人类的进化实质上蕴涵了整个自然的进化过程，人类并非自然进化的目的，而是自然进化的一部分，人类与自然的关系是相互的，伯奇进一步指出："人类是一个主体，而不仅仅是由外在关系所左右的客体。作为一个主体，它是有反应的，能够有目的地对其所处地环境做出反应。"[③]人类对外在环境反应的原因是出于内在联系的，包括人类精神对整个自然的认知和理解。

在建设性后现代思想体系当中，人类不再成为整个自然世界的中心，至少在观念领域，后现代学者们试图摆脱传统思维的影响，建立一种更具生态意义的价值观。费雷(Frederick Ferre)在他的著作中批判地借用了莫诺的观点，然而他却对传统世界观给予更进一步的反思，他希望能够建立一种新的世界观模式——超越以人类为中心的价值观，后现代生态哲学建立了新的思想模式："后现代的实在观点来源于生态学对世界形象的描绘：世界是一个有机体和无机体密切相互作用的、永无止境的复杂的网络。"[④]世界的复杂性决定了人类内在关系的丰富性和人类精神多元性，"适应于生态意识的价值观是一种适度的、自我节制的和完整的价值观。人类的开发不能不加批判地当作我们征服自然的一种理由"[⑤]。类似的观点也出现在乔治·赫伯特·米德(George Herbert Mead)的著作[⑥]中，米德尤其强调生物有机体对环境的认知作用。人类对世界的重新认知决定了人类精神必然趋向于生态精神，建设性后现代思想将人类精神问题扩大到生态问题。

5. 建设性后现代理论与集体无意识理论

后现代理论对于心理学具有非常重要的影响，尤其是在精神分析心理

① 〔澳大利亚〕查尔斯·伯奇：《后现代对生物学的挑战》，〔美〕大卫·格里芬编：《后现代科学》，马季方译，第99页。

② 同上。

③ 同上。

④ 〔美〕福雷德里克·费雷：《宗教世界的形成与后现代科学》，同上书，第132页。文中，费雷转引了莫诺在其《偶然性与必然性》中的观点："我只想提一个更阴险和更加深层的罪恶——一个围困着精神的东西。它是由思想发展的最关键的转折点而引起的。而且，这一发展还在同一方向上不断继续和加速，加剧着人们心灵上的痛苦。"

⑤ 同上书，第133页。

⑥ 参见〔美〕乔治·赫伯特·米德：《心灵、自我和社会》，霍桂桓译，北京，北京联合出版公司，2014年，第1版，第270～279页。

学方面，“后现代精神分析”这个词就是产生于后现代影响下的新的精神分析理论，对于集体无意识心理学研究来说，建设性后现代理论及其生态精神还具有更为重要的意义。

作为现代心理学的一个突出特征，科学主义和理性主义的研究方法，在后现代心理学[①]体系中已经遭到质疑，因为科学研究方法并不能够完全反映人类心理的全部内容。后现代心理学注重社会历史、道德伦理、文学艺术等对人类心理的影响。其中，重视社会和历史因素对人类心理的影响，正符合荣格对人类集体潜意识来源的描述。在荣格看来，人类集体潜意识正是在长期的历史过程中形成的。虽然荣格有时也采用一些科学试验的方法来证明自己的理论，但他更侧重从人类学、社会学以及文学等方面对群体无意识进行探索。

《荣格的精神》一书为证明荣格集体无意识心理学对后现代精神的意义提供了依据，冯川评论道：

> 许多研究者都指出，荣格对那些历史上一直处于边缘和外围状态的精神现象所作的广泛探索，与解构主义的消解策略有某种平行的关系。他对无意识的种种显现，对梦、幻想、秘教、炼金术、星相学、心灵学、诺斯替主义、神秘主义、瑜伽、禅宗、佛教、道教、原始仪式等种种非理性、非逻辑、非科学的领域都进行了大胆的涉猎。这些涉猎既使他招致种种非议，又给他带来丰厚的回报，使他最终得以对心理学现象的象征性质和超个人性质有更深入的洞察。也许我们可以进一步说明：比这一回报更重要的是，荣格在知识学领域中的这一大胆举动，动摇了理性主义和“逻各斯中心主义”在西方文化中的稳固地位，从而极大地加速了西方文化从现代向后现代的过渡。[②]

冯川看到了荣格思想对后现代理论和后现代精神的影响，他的论述表明荣格心理学理论与后现代精神的内在的甚至是先天的联系。实际上，荣格对于后现代精神的意义还止于解构主义的消解层面，荣格的最终目的还是希

---

① 王治河主编：《后现代主义辞典》，第266页。《后现代主义辞典》将后现代心理学的基本理论特征归纳为三点，其中第一点对集体无意识理论来说是非常具有建设性意义的：“反对机械论和实证主义，提倡经验论和相对主义……后现代心理学家认为主流心理学运用自然科学的方法来研究心理学，使自己背上了沉重的包袱，主张心理学研究不是旨在探讨客观现实的本身，而是寻求一种达到良好目的的客观性共建，这种共建本身便是一种相互作用和协调的过程。”

② 冯川：《荣格的精神——一个英雄与圣人的神话》，海口，海南出版社，2006年，第1版，第177页。

望建立一种认识自然和宇宙的新的世界观，其中也包括人类对于自身地位的反思。因而，集体无意识心理学的目的在于建构，而不仅仅是对现代精神的批判。

正像科布在对后现代生态学世界观所下的定义那样，后现代生态学世界观“从某些方面回归到了古典宗教的源头”，这一观点同荣格强调的人类集体内心深处潜意识的回归是一致的。回归的必要性来自于荣格心理学所讲的“个性化”内容。荣格在他的研究过程中发现环境对于人类个体内在潜意识心理的影响，他认为人类心理随着环境的改变也会发生变化，所谓人格面具也是在这种情况下逐渐形成的，正如冯川援引《荣格心理学入门》一书所说的那样，个性化的种种要求与集体利益之间的冲突，让个性心理趋向于寻求更高层次的平衡——走向“‘上帝’或‘自然’”①，向自然回归成为终极目的。因此，潜意识的回归也就成为更高层次的人类心理的协同模式：对于个体来说，回归使得个体潜意识同集体潜意识相协同；对于集体而言，它促使人类精神向自然和生态精神回归，最终实现人类精神与生态精神的协同。

建设性后现代主义者相信人类应当回归自然：“岩石、泥土、海洋、星辰用宇宙间上万种的语言诉说着它们的故事，它们深深植根于我们的情感、精神、思想和肉体之中。地球和宇宙是万物中至高无上的，宇宙创造故事不过是宇宙宣布开始其行程新纪元的一种方式。”②在自然影响下，历史和社会的变迁以及人类的进化过程都对集体无意识心理的形成具有重要作用，自然精神植根于人类灵魂深处，自远古时期起，人类的心灵就从来没有脱离自然而存在过。

与建设性后现代思想相反，科学主义和理性主义为代表的现代精神所要摆脱的正是自然精神，现代性对早期资本主义精神的吸收，并且衍生出具有现代性特点的另一种精神，即是后现代所批判的现代精神。现代精神希望彻底摆脱自然的控制，摆脱内心的恐惧、克服人类在自然面前不得不约束自身行为的压抑等。在韦伯看来，宗教赦罪仪式都是来自“最深远的根源”③。根据近代心理学理论来看，“最深远的根源”正是人类集体潜意识的自然之根。

格里芬建设性后现代理论宣称其后现代理论是对科学和世界的复魅，

---

① 冯川：《荣格的精神——一个英雄与圣人的神话》，第73页。

② 〔美〕布赖恩·斯温：《宇宙的创造故事》，〔美〕大卫·格里芬编：《后现代科学》，马季方译，第78～79页。

③ 〔德〕马克斯·韦伯：《新教伦理与资本主义精神》，彭强、黄晓京译，第99页。

这一思想与荣格心理学集体无意识理论对原始记忆的追溯思想是一致的，实质上，这种“复魅”就是对“最深远的根源”的追溯。荣格集体无意识心理学与神秘主义的某种潜在联系也充实了“复魅”的观点，例如，荣格本人对东方神秘宗教的研究、对易经等中国古代经典的广泛兴趣，都让他的精神分析心理学在科学主义盛行的时代具有与众不同的特征。也正因如此，荣格心理学甚至被冠以“荣格崇拜”①的富有宗教意义的评价。有人甚至希望以复归上帝等较为极端的方式来解决人类与自然的对立。② 从这些方面来看，荣格心理学的精神正是出格里芬所提倡的“复魅”精神。

正如后现代主义者斯温(Brian Swimme)在他的故事中描绘的：“人们围坐在傍晚的炉火旁口耳相传下来的对宇宙的各种描绘。这些宇宙故事就是人类祖先为引导和安置其后人如何在这个宇宙间生存所选择的一种方式。”③这同荣格《现代灵魂的自我拯救》中描绘的场景非常相似，现代人类对原始记忆的追溯，正是由于受到集体无意识的影响，理性无法帮助人们实现对世界的终极认识，人类应当回归到内心深处，重新理解集体潜意识的自然原型。

从生态角度来说，建设性后现代精神是对荣格心理学理论的一种拓展。在建设性后现代主义看来，“整个宇宙是从一个单一的超自然的微粒进化而来的，我们的起源是神秘的；我们的命运是紧密地连在一起的；我们全体物种的共同目标是颂扬那个塑造我们的生命的伟大的欢愉”④。这一观点从哲学层面印证了荣格关于集体无意识与人的遗传关系的论述。荣格不止一次地强调人类集体无意识当中必然带有宇宙最原始的记忆，它随着人类的发展对社会历史和人类心理都产生了非常深远的影响。建设性后现代主义对原始巫术和人类直觉本能的复归，也表明集体无意识对建设性后现代生态精神产生的影响。这或许就是荣格在他的《现代灵魂的自我拯救》中所追求的目标。

原始人对宇宙万物的崇拜，符合建设性后现代的精神追求。在建设性后现代主义者看来，自现代性及其引导的现代精神诞生以后，人类对自然的认识已经越来越偏离这一精神，“我们今天所有的灾难都直接与我们忽视宇

---

① 参见〔美〕理查德·诺尔：《荣格崇拜——一种有超凡魅力的运动的起源》，曾林译。

② 参见 John Ross Schroeder, “A Belief in God Can Protect Against Disasters”, Sahotra Sarkar(ed.), *Biodiversity and Environmental Philosophy*, pp. 114～121.

③ 〔美〕布赖恩·斯温：《宇宙的创造故事》，〔美〕大卫·格里芬编：《后现代科学》，马季方译，第 67 页。

④ 〔美〕布赖恩·斯温：《宇宙的创造故事》，同上书，第 78 页。

宙，把其排斥在人类活动之外的文化有关”①。建设性后现代主义的目的不是要现代人回到古代人的生活状态，而是希望扭转人类对世界的看法，尤其是近代以来现代性对人类思想的影响。而且，后现代主义要比荣格及其集体无意识理论更为激进，它并非仅限于唤醒人类集体潜意识当中的原始记忆，而是彻底消除潜意识对人类精神的消极影响。在后现代的理论视域中，人类集体潜意识是造成人类走向现代性的深刻心理原因。人类集体潜意识的内容几乎包括了现代精神的所有对立面，集体潜意识对现代性以及现代精神的影响体现在很多方面，例如，人类内心深处对自然(包括无法解释的自然现象以及自然灾害)的恐惧、对自然力量的憧憬以及对战胜自然的渴望等。

从荣格心理学的角度来看，解构性后现代主义哲学家对现代性的批评触及到人类灵魂的深处，这对于解构性后现代所遭遇的质疑和批评来说无疑是一种重塑。解构性的后现代主义对现代性的批判，实质上是对人类集体无意识的大部分内容的猛烈抨击。但是，建设性后现代主义则发掘了人类集体潜意识当中更为深层的部分。集体潜意识并非仅仅局限于人类对自然的敌意，它还应包括人类对自然的向往，例如，自然景色对人类的吸引、原始的自然崇拜都是人类对待自然的另一面。人类对集体潜意识中这“另一面”的召唤体现了建设性后现代主义与解构主义的差别。虽然建设性后现代主义理论仍然有很多自身难以克服的悖论，但是，强调关系、注重整体等观念对于改善人与自然之间的关系来具有建设性意义。

因此，建设性后现代主义同荣格集体无意识理论具有很多相似之处。在生态层面来说，集体无意识理论对建设性后现代理论来说具有非常重要的意义。荣格对人类集体心灵的深入阐释，为建设性后现代主义者的研究开辟了新的道路，建设性后现代主义者对世界的认识从对外在于人类实体的关系研究转向对内在关系的探索，深受集体无意识心理学理论的影响。此外，荣格的生态观和他理论中的生态精神也同建设性后现代生态理论相一致。一方面，两者对生态问题的关注是一致的。在生态层面上，向人类内心深处的探索同走向荒野的探索是一致的。人类与自然的关系内在于人类实体当中，这种内在的关系构成了人类集体无意识的基础。人与自然的关系以及自然对人类的反作用都影响了人类内心深处对自然的看法。另一方面，建设性后现代主义对精神分析心理学的理解也超越了现代主义者，例

---

① 〔美〕布赖恩·斯温：《宇宙的创造故事》，〔美〕大卫·格里芬编：《后现代科学》，马季方译，第68～69页。

如,某些后现代主义者认为自然作为人类之父,人类对自然的意识形态带有依赖、反抗和超越等心理,很明显,这些理论来自于弗洛伊德和荣格的学说。因此,建设性后现代理论与集体无意识理论之间的具有很多相通之处。

6. 建设性后现代理论对文学的影响

除了心理学的基本理论以外,建设性后现代学说对分析心理学的意义还体现在它对原型批评等心理学应用领域的影响。随着后现代理论在文学批评领域的深入,单一文本样式受到越来越多的质疑,文学艺术开始向广阔的自然迈进。走向荒野等现象反映了后现代理论影响下人类对自然的重新认识。

凯尔纳认为后现代的文学话语是指:"后现代话语指的是抛弃了现代话语和实践的新艺术观点、新文化观点或新理论观点。所有的'后'(post)字都是一种序列符号,表明那些事物是处在现代之后并接现代之踵而来。"①对于那些对现代主义以及现代精神极为反感的文学家来说,后现代精神无疑是一剂良药,建设性后现代主义者对自然价值、地位以及生态问题的再认识,更是为文学家提供了强大的精神动力。"只有当艺术家、诗人、神秘主义者和大自然的热爱者讲述了这个故事,抑或只有当每个人都具有诗人和神秘主义者的特征,并且愿意向我们讲述这个故事,否则我们只有事实和理论。"②文学艺术将后现代对世界的描绘进行各种形式的复刻,文学艺术家受到建设性后现代主义、后现代生态运动的深刻影响。

建设性后现代精神不仅仅是后现代哲学对现代性的批判,而且还包括一种新的文化精神对现代性文化的超越,它因此被称为"积极的否定"③。受后现代精神影响的文学流派和文学艺术家非常多,既有南美魔幻现实主义等创作流派,还包括许多当代作家,例如 2003 年诺贝尔文学奖得主库切、2008 年诺贝尔文学奖得主勒克莱齐奥等。库切(John Maxwell Coetzee)的小说《动物的生命》就是对后现代生态主义的最好诠释之一。正如小说题目的字面意义,它是对当代动物保护主义运动的某种回应。小说通过对哲学家、诗人与动物之间的关系以及他们对动物不同认识的描述,来表现现代性与后现代思想的交锋。小说直入主题,从一个关于人类与动物之间关系的

---

① 〔美〕道格拉斯·凯尔纳、斯蒂文·贝斯特:《后现代理论——批判性的质疑》,张志斌译,第 36～37 页。

② 〔美〕布赖恩·斯温:《宇宙的创造故事》,〔美〕大卫·格里芬编:《后现代科学》,马季方译,第 74 页。

③ 〔美〕道格拉斯·凯尔纳、斯蒂文·贝斯特:《后现代理论——批判性的质疑》,张志斌译,第 37 页。

讲演开始。在演讲者(伊丽莎白·克斯特洛)看来,人类对待动物(人类以外的生命)的行为是残忍的,这种行为是“堕落、残忍和杀戮的行当”[①],它甚至“可以与第三帝国做得出的任何行为相比,实际上它与纳粹德国的行为相比是有过之而无不及”[②],因为人类对动物的虐待是循环往复、没有尽头的。与人类相比,动物并非因为缺乏意识失去其平等地位的,相反,“所有有关意识和动物是否具有意识的争论都不过是烟幕而已”[③];实质上,“我们是在维护人类自己的利益”[④]。以第一个演讲作为开端,小说将人们的视线引向对动物存在问题的思考。

《动物的生命》这本小说的创作形式在文学史上并不新鲜,但是,小说对自然问题的关注却让这本小说具有重要意义。在第一个演讲之后,接下来的第二个演讲就是关于诗人对动物的态度。与第一个演讲相比,第二个演讲更为深入。批判的矛头直指人类的理性。但是,对理性的质疑并非第二个演讲的唯一目的。文学中(这里主要是指诗歌当中)的动物形象,成为一种象征。它深入探讨人类与动物的深层关系问题——生态伦理问题,在小说看来,这个问题正是人类自然观的基础,诗歌等文学作品所表现的动物形象包含了深层生态意义。

就库切看来,“在那种诗歌里,动物象征了人的品性”[⑤]。就集体无意识心理学的观点来看,动物的象征意义实质上是人类生态心理的外化。人类将自己的生态意识投射到作品当中,世界万物都被赋予人类的意识,人类对整个自然界的认识以及对待其他生物的态度,最终都回归到人类内心深处的无意识形态中。例如,库切对休斯诗歌的理解,就是对人类原始记忆和自然精神的回归:“我怀疑他把对动物的关注看做是一种回归,回归到我们遥远的祖先拥有的、而今天的人们已经失去的东西。”[⑥]可见,在《动物的生命》这本小说里,库切的思考同荣格对人类潜意识深处生态精神的研究是一致的。

此外,小说还提到人类与动物之间的仪式。在荣格心理学体系当中,仪式及其象征意义具有非常重要的地位,它蕴含着人类与自然的深层关系。在库切的小说里,斗牛作为一种仪式,反映作者对人类与自然关系的态度。

---

① 〔南非〕库切:《动物的生命》,朱子仪译,北京,北京十月文艺出版社,2006年,第1版,第22页。

② 同上。

③ 同上书,第56页。

④ 同上。

⑤ 同上书,第61页。

⑥ 同上书,第64页。

在他眼里，斗牛是人类向自然这个“对手”显示自身力量的一种方式，斗牛仪式象征人类征服自然的整个过程，最终吃掉牛肉的程序，则是人类从自然中吸取力量的象征。作者对斗牛仪式的摹写，同弗雷泽在他的《金枝》里描述的人类希望借助巫术从自然中获取力量的情节非常相似。但是，库切的理解更具生态精神：

> 作家给我们的教益比他们意识到的要多。通过赋予美洲豹以象征意义，休斯向我们表明，借助“诗的创造”这个融合了生命和意义的过程（这种融合的方式无论过去还是将来都无人能够解释），我们也能包容动物。他向我们表明如何将活生生的客体转化成我们的主观存在。当我们谈关于美洲豹的诗时，当我们以后心情平静地回想到它的时候，在那瞬息之间我们就是美洲豹。它在我们体内拨动，它借用了我们的身体，它即我们。[①]

文学艺术中的意象及其象征意义，不仅仅是人类内心深处潜意识的外化，更为重要的是，它将自然从人类心灵之外拉向内心深处，使自然精神成为人类心灵的一部分，自然的一切都能够引起人类内心深处的共鸣。在库切眼中，人类不再是自然的对立面，相反，自然与人类是一体的。“对于动物，死亡是生命的延续。只有那些非常富有想象力的人，当他们遭遇非常强烈的对死亡的恐惧感时，才会将这种恐惧感投射到其他生物（包括动物）的身上”[②]，这也体现了库切对生态精神的理解。

库切对生态问题进行了积极的思考，并且深入挖掘人类心灵深处的潜意识内容。但是，他想不出解决人类与自然之间相互对立的办法。小说结束于一个模棱两可的托词之上，加伯认为，这是一种文化征兆。[③] 它预示了一种新的文化模式的到来，虽然小说并没有提出解决问题的方式，但是却将读者的眼光引向更为深广的方面。对人类虐待、屠杀动物的行为以及对人类道德伦理的反思，都让小说具有深刻的后现代生态意义。

辛格（Peter Singer）认为，库切小说所体现的是一种更为激进的平等主义，确切地说，他在库切的作品中看到了一种激进的后现代生态平等主义[④]。

---

① 〔南非〕库切：《动物的生命》，朱子仪译，第 66～67 页。

② 同上书，第 82～83 页。

③ 同上书，第 99 页。

④ 同上书，第 110～120 页。

在这些激进的后现代生态主义者眼里，人类有一天会站在动物的立场反思自己的行为，并且让动物拥有与人类同样的权利。当然，后现代精神，尤其是建设性后现代精神对文学作品的影响还不至于此。正如辛格所看到的那样，激进的后现代主义和后现代精神是动物保护运动兴起的根源。但是，这并不表明解构性的后现代主义精神能够指引人类走向真正的生态存在。

为库切的小说填补一个合理的结尾，还要靠建设性后现代主义及其理论。建设性后现代希望建立的是一个完整、统一的生态系统，这个系统包括人类在内。人类必须在这个生态系统中调整自身的位置，才能够从内心深处改变集体潜意识对自然的曲解及其给人类心灵带来的恐惧。建立一个包括人类在内的良性的生态系统，是建设性后现代生态精神的内容之一。

正像库切小说关于生态问题的演讲不得不面对的争议那样，包括动物保护等问题在内，生态主义面临的很多问题在哲学以及心理学上都还需要更进一步的探讨。库切希望借助人与动物之间的主体互换方式来解决两者的矛盾，但是作为主体的人能否客体化、如何客体化，这本身就是一个值得怀疑的事实，而且这也是建设性后现代生态哲学所要思考的重要问题。

文学作品对于生态问题的关注，并非仅仅限于受后现代生态主义潮流影响下的当代文学。诗人对自然的关注可以追溯到人类的原始时期，甚至在人类的诞生之初，描绘自然以及表达人类对自然情感的作品就已经出现了。但是，在后现代生态精神出现之前，这些作品只是表达了隐匿于人类内心深处的某种潜意识，未得到明确界定。直到荣格发现个体潜意识之下的集体潜意识之后，人类才对内心深处的这一潜在情感有了较为清晰的认识。一旦人类意识到隐藏在内心深处潜意识动机之后，才得以透彻理解文学作品所表现的一个民族对自然以及整个生态的赞颂、向往和追溯的内在动因。因此，包括库切的小说在内，当代生态作品与分析心理学密切相关，它们的基础是集体无意识心理学。

如果说后现代诞生之前的文学作品以及文学批评关注的主要是人类的生存状况（包括人类面临的社会、政治、经济等问题，如人的“物化”等）和人类灵魂问题的话，那么，后现代影响下的文学作品则表现了人类对整个世界（包括自然界非人类生物以及非生物）的思考。文学对人的描绘也不再局限于社会人、经济人，而扩展到“生态人”①。后现代生态文学作品所要塑造的

① 参见王治河主编：《后现代主义辞典》，第558页。所谓“生态人”，即认为自然甚至整个生态都是从属于人类的内在要素，“‘经济人’的终结就是生态人的开端”。

正是这样一种"生态人",将生态利益视作自身利益的一部分,这也预示着人类思想价值转变的方向。

与激进的、解构性的后现代精神不同,具有建设性后现代精神的文学作品并非是简单的"破坏性文学",其审美意义也超越了单纯的"破坏美学"①。这符合建设性后现代哲学的基本思想,其根本目的在于建立属于后现代自己独特的价值体系,其中包括后现代审美和后现代文学观。对于文学来说,后现代生态精神就是这种新的价值体系的核心内容之一。

审美趣味和文学观念的生态转向是建设性后现代文学的基本精神,正如梭罗在其伟大著作《瓦尔登湖》结束语里描绘的那样,他让人类的脖子不再仅仅随着现代性的宏伟理想而转动——那理想只不过是引人类入绝路的哀歌,他让另一种思想灌注于人类的头脑之中:

> 生了病的话,医生要明智地劝告你转移个地方,换换空气。谢天谢地,世界并不限于这里。七叶树没有在新英格兰生长,这里也难得听到模仿鸟。野鹅比起我们来更加国际化,它们在加拿大用早饭,在俄亥俄州吃中饭,夜间到南方的河湾上去修饰自己的羽毛。甚至野牛也相当地追随者时令节气,它在科罗拉多牧场上吃草,一直吃到黄石公园又有更绿更甜的草在等待它的时候。然而我们人却认为,如果拆掉栏杆或篱笆,在田园周围砌上石墙的话,我们的生活可就有了界限,我们的命运方能安定。如果你被挑选为市镇的办事员,那你今夏就不能到火地岛去旅行,但你很可能到地狱的火里去。宇宙比我们看到的还要来得大呵。②

梭罗的逃离并非是最终目的,逃离的行为以及逃离的象征意义才是核心精神。虽然梭罗最终还是离开了那令他魂牵梦绕的瓦尔登湖,但是他却将人的思想从现代性所构筑的人类对自然的征服中拯救出来,建设性后现代生态主义所要讲述的也正是《瓦尔登湖》中描绘的。让人类从自我中心主义的迷雾中清醒,正视灵魂深处集体潜意识对自然的偏执和恐惧,并让自然审美成为人类精神的一部分,当人们再度审视自然的时候,不再让对自然美的赞叹只停留在口头上,而是变成像看到自己的孩子一样进入到内心深处。

---

① 所谓"破坏美学",可参见上书,第247~252页。

② 〔美〕梭罗:《瓦尔登湖》,徐迟译,上海,上海译文出版社,2004年,第1版,第296页。

梭罗的“另类”行为预示了“绿色运动”的诞生，后者旨在保护环境乃至维护整个生态的平衡，而非只限于实现人类自身的利益。对于现代性早期经验来说，节制的生活是为了积累更多的财富，生活的动因在于对积累物质财富的狂热追求，这一现象背后蕴含了深层心理动机：人类为了进一步摆脱自然的舒服，妄图通过克己、节制的生活以谋求社会的飞速发展，从而推动人类尽快战胜和征服自然。它受到后现代生态主义者的激烈批判，虽然他们当中的很多人对节制的生活持同样肯定的态度，如素食主义等，但是，生态主义者的心理动机却不同于现代资本主义精神。

作为一个19世纪的智者，梭罗寓言了整整一个世纪之后人类所追求的梦想。他所说的“更高的规律”①正是为后现代生态所推崇的精神：

> 我想许多同时代人一样，已经有好几年难得吃兽肉或茶或咖啡等等了；倒不是因为我找出了它们的缺点，而是因为跟我的想法不适应。对兽肉有反感并不是由经验引起的，而是一种本能。卑贱的刻苦生活在许多方面都显得更美；虽然我并不曾做到，至少也做到了使我的想象能满意的地步。我相信每一个热衷于把他更高级的、诗意的官能保存在最好状态中的人，必须是特别地避免吃兽肉，还要避免多吃任何食物的。②

梭罗预见到人类存在的完美方式，他的观点对于集体恐惧心理而言是一种挑战——原始人面对自然所形成的恐惧心理以及由此传承的记忆都受到质疑。人们开始走“回头路”，回到内心深处，查找种种精神病症的根源。同梭罗一样，后现代主义者对未来也有着美好的预期，正如将来世界学所构想的那样，他们认为如果要挽救生存的危机，“人类应当首先树立‘地球人’的观点”③。人类与整个世界都是作为一个整体而存在的，自然的未来也是人类存在的基础，人类首先应当在心理层面上改变对自然现状以及未来发展的认识。

有人甚至认为，人类对于自然的整个认知过程，实质上就是自然“沉沦”的过程④：从自然的概念产生于人类意识之中开始，直到机械论自然观的诞

---

① 〔美〕梭罗：《瓦尔登湖》，徐迟译，第197页。
② 同上书，第201页。
③ 王治河主编：《后现代主义辞典》，第341页。
④ 参见李章印：《自然的沉沦与拯救》，北京，中国社会科学出版社，1996年，第1版。

生为止,自然发展史逐渐被人类征服世界的历史所取代,自然进程也只不过成为人类历史进程的一部分,这对于自然来说无疑是一种灾难。因此,拯救自然(尤其是人类的自然观)成为后现代话语中最为重要的一部分,新的世界观体系的树立也是为了改变自然的"危机"状况。

人与自然之间的"危机"已经持续很久了,没有人真的愿意看到这样的结局发生——只有在人类灭绝之后,整个生态系统才"会渐渐从我们的劫掠中恢复过来"①。至少还有很多生态主义者希望扭转生态危机日益恶化的局面,并且借助文学和艺术的各种形式来表达他们的担忧。从生态文学与生态精神的关系来看,生态文学是对后现代生态精神的审美阐释,但是它并没有仅仅停留在美学层面上,而是进入人类灵魂深处,具有后现代生态精神的文学作品成为人类精神所不可缺少的一部分。新视角和新的思维方式的引入扩大了文学的边界,加深文学对自然和生态问题的关注。文学的生态意象象征了集体无意识的内容,体现集体无意识理论对人类学以及文学艺术的深刻影响。

由此可见,文学的"绿色运动"和它所代表的后现代精神,并非仅仅是这个时代的产物,它由来已久,深深扎根于人类集体内心深处。它甚至可以被追溯得更远,直到人类的远古时期。在图腾柱下和汹汹火光中,人类集体潜意识深处还有另一种从未被意识到的原型——它象征人类对自然的敬畏、热爱和理解。建设性后现代主义者正是要在文学艺术中找到这一原型。从生态视角出发,对于文学以及艺术作品的批评和分析,都会走到一条与过去的批评方式截然不同的道路上,它直通生态精神。

第三节　文学的生态转向

一、文学的后现代生态转向

研究文学的生态转向应当从解构主义文学批评开始。根据理查德·罗蒂(Richard Rorty)的观点,德·曼(Paul de Man)的文学批评理论让解构主义运动最终成为文学批评的一个重要流派——解构主义文学批评(罗蒂将

① 〔美〕小约翰·B.科布:《生态学、科学和宗教:走向一种后现代世界观》,〔美〕大卫·格里芬编:《后现代科学》,马季方译,第153页。

解构主义定义为“狭义的解构主义”[1]，特指文学批评中的解构主义流派），以德·曼的学生为核心，解构主义文学批评运动正式形成。[2] 文学的解构主义流派“也许是在文学批评史上最有理论倾向和最具哲学性质的运动”[3]。反对逻格斯中心主义、反对本质主义是这一文学运动的核心特征。包括海德格尔、德里达等在内的众多哲学家，都坚持对形而上学、二元对立以及逻辑中心主义的反叛。

罗蒂还认为，在一些解构主义者看来，解构主义理论对文学批评中的作用在于“摆脱认为文学批评需要接受某种这样的正确性的理想以便走上科学坦途的想法”[4]。换言之，文学所表现的应当是一种脱离传统哲学统治的内容，而且，文学的表现方式也应当是一种有机的方式。从语言、修辞到小说结构，解构主义都让文学批评产生了很大的变化，它也成为文学后现代生态批评的起因之一。这些理论对于生态批评来说虽然并不具备直接的启示作用，但是，它毕竟从文学批评的传统方式中打开了缺口。可以说，后现代解构主义哲学大师的工作，为生态批评和精神生态研究扫清了障碍。同时，有机性和整体性的文学批评观，如“文本毕竟不是自主和自足的，对任何文本的意义的理解都依赖于其他文本和文本化的指称框架”[5]等理念也成为建设性后现代生态批评的重要理论来源。

解构主义文学批评对于生态批评的积极作用还有另一值得注意的地方，罗蒂对德·曼曾做过如下评论：“在其（德·曼）论德里达对卢梭的阅读的文章中，他（德·曼）指出，‘卢梭之避免逻辑中心的谬误恰恰是由于其语言是文学的。’因为与德里达不同，德曼认为，文学一直是反本质主义的。在他看来，文化一直被分成对语言的文学的使用与常识的、科学的和哲学的使用。”[6]卢梭的《一个孤独的散步者的梦》中蕴藏了启蒙运动时期鲜见的自然观和生态思想，在这本著作中，他以一个哲学家的思想、诗人的文笔以及自然主义者的心灵表现出一种为解构主义所推崇的精神，这种精神让卢梭在建设性后现代生态批评者眼里成为早期生态主义的先驱。无论对于古希腊以来的哲学传统还是启蒙时代的新思想，卢梭的观点都具有开创性。一方面，在观念上，他的作品符合解构主义后现代理论的信条；另一方面，在内容上，自然代

---

① 〔美〕理查德·罗蒂：《后哲学文化》，黄勇编译，上海，上海译文出版社，2004年，第1版，第92～93页。

② 同上书，第92页。

③ 同上书，第93页。

④ 同上书，第115～116页。

⑤ 转引自上书，第116页。

⑥ 〔美〕理查德·罗蒂：《后哲学文化》，黄勇编译，第144页。

替人成为作品的主角，符合建设性后现代主义倡导的生态精神。正如卡西勒(Ernst Cassirer)对《新爱洛漪丝》的评价："在《新爱洛漪丝》的第一部分中，卢梭展示了最深沉和最纯粹的抒情力量，这力量存在于他那描写人类一切情绪与激情的能力之中，就好似被包裹在一层对于自然万分敏感的气息里面。在这里人类不再仅仅立于自然的'对面'——自然不再是作为旁观者和观察者所观赏的一出戏剧；他沉浸于自然的内在生命之中，并随着自然本身的节奏而动。就是在这当中，卢梭发现了一种永不枯竭的幸福的新源头。"①德里达、德·曼以及罗蒂等学者对卢梭及其作品的推崇，在客观上对生态批评起到了推动作用，也反映了解构主义哲学思想的生态价值和生态意义。

一般认为，解构主义只是颠覆传统哲学思想的统治地位，并没有建立一个属于自己的理论体系，反本质主义只是对传统世界观的一次重大的修正，但是，它所宣扬的多重文化选择却是具有生态意义的。传统哲学家"希望有一种人类中心的人本主义的语言观、思想观和文化观"②，它亦可以被看作是一种传统的人类中心主义的世界观，解构主义是对旧的人本主义世界观的反叛。在许多杰出的解构主义哲学家看来，本质主义的终结是具有历史性意义的事件。③ 相对于单一思想统治的哲学体系来说，多元化思想可以说是一种变革。变革带来的不仅仅局限于解构层面，更为重要的是，它促使新的哲学思想体系得以建立。正如贡巴尼翁所看到的："后现代主义并不想自己是革命性的，它不再建立在着眼于将来的神话之上：现代人、现代社会和现代城市的神话。与之相反，既然后工业社会放弃了任何理想，那么人们便满足于一种混合了各种规约的简朴而零碎的建筑。"④他很明确地指出后现代对现代性的解构实质上是一种态度的转变——人类对自身以及整个世界的态度的转向。征服自然、统治世界的恢宏理想不再能够成为人们生存的唯一动力和目的。当人类将其对图腾柱的崇拜转移到无数摩天大楼之上时，心灵的偏执也随之走向尽头——"以反对破坏了城市组织的现代建筑而著称的威尔士亲王为取消之前的计划起到了作用：后现代主义与传统主义由此而紧紧结合在一起"⑤。对于建设性后现代生态观而言，解构主义文学

① 〔德〕卡西勒：《卢梭问题》，〔美〕彼得·盖伊编，王春华译，南京，译林出版社，2009年，第1版，第78页。

② 〔美〕理查德·罗蒂：《后哲学文化》，黄勇编译，第138～139页。

③ "同海德格尔和德里达一样，德·曼也认为本质主义和逻辑中心主义的终结是一个具有世界历史意义的事件。"同上书，第147页。

④ 〔法〕安托瓦纳·贡巴尼翁：《现代性的五个悖论》，许钧译，第128页。

⑤ 同上书，第130页。

批评为建设性后现代思想以及后现代生态精神的拓展铺平了道路，对占据统治地位的哲学思想的解构性质疑为人类观念的转变——从人类思想到自然精神——提供了前期准备。

面对人与自然关系的日益恶化，后现代生态学者终于开始意识到必须有所改变，一味执着自我中心主义最终只能让人离自然越来越远。由此，后现代拉开了序幕，它让人类看到一种新的对待世界、自然以及整个生态的观念，同时，生态运动也促进了文学精神的转向。深层生态学应运而生，它的诞生及其与后现代哲学之间的对立和统一关系生动地反映了生态转向的复杂程度。深层生态学强调整体的完整和统一。余谋昌在他的《可持续发展观与哲学范式的转换》一文中，提出生态哲学的七个主要观点，其中之一即“整体比部分更重要”：生态哲学认为，事物的性质由整体的动力决定，整体的动力学是首要的，部分是次要的……事物作为一个整体，它是世界创造性的综合过程；同时事物作为创造结果的整体，又不是静态的，而是动态的、进化的。① 在他看来，地球是作为一个整体，甚至是一个活着的有机整体而存在的。

科布也曾做出类似的简要概述：它（深层生态学）强调生态系作为一个整体，具有相互依赖和统一的特性。价值存在于这个完整的体系之中，而不是存在于每一个单个的造物中。② 紧接着，他又在这一观点的基础上提出生态学的第二个世界观，即“后现代生态世界观”。后现代生态世界观在整体与局部的问题上所持有的观点，同深层生态世界观恰恰相反。正如科布所说，相对于整体而言，后现代世界观更关心个体以及部分。例如，人类在实现自身存在价值的基础上，无法避免地影响甚至破坏其它非人类生物生存价值的实现。“每一植物都在为空间和阳光而竞争；动物为栖息和食物而竞争；动物以植物为生，而食肉动物又以其他动物为生”③，同样，人类同非人类生物之间的矛盾以及人类之间的相互矛盾都隶属于自然整体关系之中。科布得出结论：就个体而言，无时无刻不存在着牺牲④。这也正是生态的世界观无法回避的问题。后现代生态世界观对于个体价值实现的关注，对于个体生存满足程度的重视，远远超过深层生态学关注的范围。在后现代生态世界观看来，所谓生态整体即指关系整体，甚至个体也是由这种关系构成。在科布看来，生态观体现着一种协同，而非竞争。“弱肉强食”的观点

---

① 余谋昌：《可持续发展关与哲学范式的转换》，杨通进编：《现代文明的生态转向》，第 99 页。

② 〔美〕小约翰·B. 科布：《生态学、科学和宗教：走向一种后现代世界观》，马季芳译，同上书，第 87～88 页。

③ 同上书，第 92 页。

④ 同上。

用于解释现代社会人与非人类生物之间的关系是不适宜的，它就无法解决生态整体与个体的关系。人类在实现自身存在的同时必须关注非人类生物的存在，但是，“即使每个人都具有了生态观点，要缓解人口对于‘野生’动物在剩余的栖息地的压力也并非轻而易举”①。这种矛盾正是生态整体世界观无法回避的问题，是整体与局部关系的悖论。即使在科布自己的观念体系中，这样的矛盾也不能够避免。他受到怀特海哲学的影响，更注重过程以及事物之间的关系，他一面强调后现代生态世界观的重要意义，一面又不得不在深层生态世界观的整体论前妥协，最终将整体与部分的关系归于神秘的宗教式判断。

后现代生态观的悖论证明生态整体的繁荣不能够忽视生物个体的生存和发展，就像人类整体的繁荣不能够忘记还有少数人处在贫困、战争和饥荒当中。辛格喊出“所有动物都是平等的”②口号的时候，让人想起数百年前“人人平等”的宣言。在种族歧视和压迫尚未完全解决之际，这样的口号似乎跨越了几个时代，将人类的目光从政治、经济和宗教的争斗中拉向更为广阔的荒野，人类第一次面对这样的现实：无论在数量上还是种类上都占有绝对优势的非人类生物及其种群正在渐渐减少甚至消失，人类在自然中越来越孤独。辛格在她的《动物解放》中，将人类种族之间的冲突和矛盾以及人类的平等问题扩大到人与非人类生物的平等问题，他主张人与非人类生物之间的平等和非人类生物生存价值的实现。她认为，人们只有将自身还原到生物种群的一个亚群体的时候，才能真正发现在此之前人是如何拔高自己，以至于完全脱离实际地自认为自己是整个自然的主宰③。过分强调人类或是非人类生物的权利，都会不自觉地拔高任何一方的地位；同样，深层生态世界观如果过分注重整体和统一的效应，那么，个体存在的价值将成为非常值得怀疑的事实。

如果说以上争论只是停留在整体与局部理论层面的话，那么，动物权利的保护运动就是这一悖论的充分实践。雷根(Tom Regan)在他的《关于动物权利的激进的平等主义观点》④中提出动物保护运动的三项主张，这三项主张不仅希望在商业和经济领域上废除对动物的“不平等”行为，甚至反对

---

① 〔美〕小约翰·B.科布：《生态学、科学和宗教：走向一种后现代世界观》，马季芳译，杨通进编：《现代文明的生态转向》，第92页。

② 〔澳〕彼得·辛格：《所有动物都是平等的》，江娅译，杨通进编：《现代文明的生态转向》，第154页。

③ 〔澳〕彼特·辛格：《所有动物都是平等的》，江娅译，同上书，第166页。

④ 〔美〕汤姆·雷根：《关于动物权利的激进的平等主义观点》，江娅译，同上书，第167页。

在科学中使用动物作为研究对象。这一激进的平等观更像是一个革命性的、浪漫的"空想"，或许未来的某一天人类要谈论如何为动物在立法院设立旁听席。虽然他自己信誓旦旦：所有伟大的运动都要经过"讥笑、讨论、接受"[①]的过程，但是大多数人依然对他激进的观点持保留的态度。无论是深层生态学的世界观还是后现代的生态世界观，在实践面前，都不得不重新审视自身。人类能够在观念上接受动物平等权利的学说，却很难将其应用于实践。

在哈格洛夫(Eugene Hargrove)及其生态伦理学的角度来看，对非人类生物的保护和重视，最初起源于自然审美，即非人类生物的审美价值。[②] 这显然是人类中心主义的观点，哈格洛夫的观点也被批评为一个错误的起点，罗尔斯顿(Holmes Rolston)在《从美到责任：自然美学和环境伦理学》[③]一文中对于哈格洛夫以及之后美国国会所颁布的《濒危物种法案》进行了简略的批评。在他看来，非人类生物存在价值的实现，是基于人类的审美需求这一起点是错误的，对于生态伦理的进一步发展来说也是不合适的。非人类生物作为审美对象这一看似较高水平的认知活动，只能是一种人类中心主义的底层思考，非人类生物的审美价值依然是为人类服务的。正如他在文中所说："这种审美伦理需要伴有更有说服力的力量，以免在娱乐被用来交换基本需要时别的东西会凌驾其上。"[④]对于非人类生物而言，存在的价值被交换成对人类有利或有害的实用价值，人类对非人类生物存在价值的理解和评判也是在这一错误的基础上展开的。因而，生态整体的存在价值应当是人类个体价值实现的一种手段，而不是终极目的。

非人类生物价值的实现受到人类观念的影响，它暗示非人类中心主义同人类中心主义之间的复杂斗争。温茨(Peter S. Wenz)在他的《现代环境伦理》[⑤]中对人类中心主义和非人类中心主义的诸多问题做了详尽阐释。

---

① 〔美〕汤姆·雷根：《关于动物权利的激进的平等主义观点》，江娅译，杨通进编：《现代文明的生态转向》，第181页。

② 〔美〕尤金·哈格洛夫：《环境伦理学基础》，杨通进、江娅、郭辉译，重庆，重庆出版社，2007年，第1版，第137页。"我们的态度事实上来源于对野生动植物和一般意义上的自然的审美兴趣，这涉及到的是人类中心主义的内在价值，而且我们是把动物当做好像是某种不同寻常的艺术品的样本来对待的。"

③ 〔美〕霍尔姆斯·罗尔斯顿：《从美到责任：自然美学和环境伦理学》，刘悦笛等译，〔美〕阿诺德·柏林特主编：《环境与艺术：环境美学的多维视角》，重庆，重庆出版社，2007年，第1版，第151～154页。

④ 〔美〕霍尔姆斯·罗尔斯顿：《从美到责任：自然美学和环境伦理学》，刘悦笛等译，同上书，第152页。

⑤ 参见，〔美〕彼得·S. 温茨：《现代环境伦理》，宋玉波、朱丹琼译，上海，上海人民出版社，2007年，第1版。

人类中心主义包括人口、市场、土地、环境污染以及人权等问题，非人类中心主义则包括动物的权利、物种平等以及环境保护等。对于前者来说，其实践层面的体现在宗教与秘仪等方面，“人类把其最深层次的欲望与幻想加诸神圣的存在之上，然后又努力借助于仪式与祈祷的方式，来重新获取这些外部化存在的力量。那些为这一投射和内摄过程服务的先知与祭祀们，现在已经变成了工程师、神经——物理学家、行为工程师和计算机技术专家，他们为一个新的神服务”①。在一定程度上，“人类，这上帝的代表，拥有智力、先见、目的导向与想象力的天赋的人类”②对自身的评估决定了非人类生物存在价值的实现程度。人类对非人类生物的关注，与其说是生态学向哲学思想的深入③，倒不如说是人类道德伦理向更广阔的非人类世界延伸，是理论上的天赋人权向自然万物相互平等的过渡，是实践上的废除奴隶制、女权运动向动物保护运动的拓展。

在纳什看来，梭罗正是实现这一系列转变的先驱：“亨利·大卫·梭罗之所以选择 1845 年 7 月 4 日（美国独立日这一天）离开城市到瓦尔登湖去，就是想把他的离去本身当作（后来人们所说的）一种‘声明’。”④梭罗正式宣告人类可以将过去只适用于自身的平等观念向人类之外的领域扩大。从天赋人权到大自然的权利⑤，就像当年奴隶的解放一样，人类开始解放大自然，同时也是将人类从“人类中心主义”的虚妄中解救出来：“他（梭罗）把翻车鱼、植物、臭鼬甚至星星视为伴侣和邻居——换言之，他所属的共同体的成员。”⑥将人类视为自然共同体的一员，而并非中心（甚至并非主要成员），是解决生态整体与局部矛盾的关键。观念的革命性转变，也为人类在实践上走向自然提供了可能。

早期协调自然整体与局部生物存在之间矛盾的实践体现在国家森林公园的建立、荒野的保护以及自然原始资源的循环利用，但是这些实践并未完全摆脱人类中心主义的阴霾，对自然的保护，仍然以促使人类发展以及审美等需要为终极目的。纳什（Roderick Frazier Nash）一针见血地指出：“耄耋将至的缪尔告诉人们，大自然对人是有价值的：休息与恢复元气，审美满足，净化心灵，以及保护集水区。就算缪尔与吉福德·平肖以及进步时代那些

---

① 〔英〕乔治·弗兰克尔：《文明：乌托邦与悲剧》，褚振飞译，第 151 页。

② 同上书，第 153 页。

③ 参见，〔美〕罗德里克·弗雷泽·纳什：《大自然的权利（环境伦理学史）》，杨通进译，青岛，青岛出版社，1999 年，第 1 版，第三章，“生态学对道德范围的扩展”。

④ 同上书，第 40 页。

⑤ 同上书，第一章，“从天赋权利到大自然的权利”。

⑥ 同上书，第 41 页。

功利主义资源保护主义者划清了界线，他的保护审美的多样性（最好称为‘环境保护’）的观点也同样是一种独特的人类中心主义。”①纳什的观点与罗尔斯顿的看法不谋而合。“环境保护”一词被认为是浅层次的生态主义，非人类中心主义以及深层生态主义明显排斥这一具有鲜明人类中心主义色彩的词。环境保护（也包括环境审美在内）恰恰是将人类与环境、自然向对立，对于环境保护的关注也只是建立在人类价值实现的基础上，其目的是为了人类生存价值的实现，而非称呼于自然整体的利益。对于生物进化，人类历史上始终存在这样的误解，即认为人类是自然进化的顶级阶段，人类是最高级的动物，人类利用自然、征服自然是理所应当的、是天赋的。正是在这样的误解下，人类同非人类生物的关系才发展到今天如此紧张的阶段。人类与非人类生物在基因以及遗传上的细微差别，虽然造成了生物体发展的巨大差别，却并不能因此划定两者的根本性差异，在生存价值的实现问题上，人类与非人类生物应当是平等的。人类在解决了自身不平等（如种族歧视等）问题之后，需要正视人类与非人类生物之间的平等问题，迄今为止，人类仍然在残忍的对待动物、植物以及其他一切非人类生物。

极端生态主义者甚至将人类政治同生态保护联系起来：“一个无政府主义的共同体类似于一个（正常的）生态系统；它将是多元化的、平衡的和协调的。”②他们认为，人类对等级制度的迷恋（包括剥削压迫同类、奴役其他民族等），是人类残忍对待自然的深层心理原因③。人类对待同类的态度，决定了他们对待自然的态度。生态系统的完整与和谐，同人类社会的完整与和谐息息相关。激进的环境主义者就像激进的无政府主义一样，要求绝对尊重自然，主张自然界一切生物的绝对平等，甚至要求赋予岩石、水等非生物绝对的平等地位。这一观念在很大程度上超越了早期的环境保护主义，实现对大自然的彻底解放。在激进的生态主义者看来，使用“解放”这个词，意味着将自然从人类的控制和压迫之下释放出来，自然不再是人类的陪衬，自然不等同于环境。这是一种“整体主义”的环境论，只有这种观点才能被接受并用来指导人类，从而改善人类与自然的关系，实现人类同自然整体的和谐。

激进环境保护主义者的观点从一开始就受到很多争议。虽然大多数人能够承认大自然所拥有的权利，但是并非每个人都可以接受岩石、荒野、河流拥有同人类一样多的权利。人类发展以及人类自身价值的实现，始终是

---

① 〔美〕罗德里克·弗雷泽·纳什：《大自然的权利（环境伦理学史）》，杨通进译，第45页。

② 转引自上书，第191页。

③ 参见上书，第191页。

生态主义者不得不面对的问题。因而，较为温和的生态主义者提出，人类的生存对环境应该有一个合理的界限①。这个界限既有利于人类价值的实现，同时也能在一定范围内保证自然的和谐统一。包括人类在内，大自然的一切都应享有平等的生存权。这似乎是解决人类与自然紧张关系的较为妥帖的方式。人们只有权利使用地球的一部分，而他们已经超越了这一界限。必须让荒野保持其荒野的状态。这不仅仅是为了人、甚至主要不是为了那些（因荒野区可供人消遣或使人精神焕发而）高度赞赏这些地方的人的利益。② 从20世纪早期的环境保护，甚至更早的对于环境的有效利用开始，到20世纪80年代，人类已经开始改变对自然的根本看法，并希望赋予大自然更多的权利，其中包括非人类生物和诸如荒野在内的非生物。与之相对应，野生生物保护区的实践，也不再只为了人类欣赏这一单纯目的，更加摈弃了经济目的以及功利主义。人类对非人类生物的关注上升到道德层面，例如，杀死任何一种海洋哺乳动物（不论是否珍稀）在道德上都是错误的。③纳什曾经引用这样的话来证明人类观念改变的程度：代表"动物之友"组织的爱丽丝·赫林顿（Alice Herrington）告诉国会议员——列奥纳多·达·芬奇曾经说过，"总有一天，人们……会像他们现在看待杀人凶手那样看待杀死动物的凶手"④。从各种动物保护法律来看，这一天似乎已经开始写入人类的历史，人类正在向这个预言迈进。

野生动物保护者在诸多法律条例上的成功证明人类潜意识深处仍然保留着回归自然的愿望。正如威尔伯所说："用一种新的世界观取代目前这种分裂的世界观。那应该是一种更加整体论的、更注重关系的、更具整合力的、更尊重地球的、不那么人类中心主义的、不那么狂妄的世界观。简而言之，新的世界观应该尊重整个生命之网，承认其内在价值，认识到这个生命之网就是我们自身的血脉骨肉。"⑤从集体无意识的角度来看，观念的转变体现了人类内心深处的某种渴求。它甚至是人类本能的一种反映。尤其是在生态问题日益危机的当代社会，精神的生态转向和生态观念的兴起是集体潜意识对人类生存危机的深刻反省。冯特（Wilhelm Wundt）在他的《人类于动物心理学论稿》中明确地区别了人类本能与动物本能之间的差异，他的观念虽然带有明显的人类中心主义色彩，但是他所做的种种区分却为人

① 参见〔美〕罗德里克·弗雷泽·纳什：《大自然的权利（环境伦理学史）》，杨通进译，第191页。
② 参见上书，第191页。
③ 参见上书，第201页。
④ 同上书，第201页。
⑤ 〔美〕肯·威尔伯：《性、生态、灵性》，李明等译，第4页。

类的精神生态转向提供了佐证。在他看来，人类的本能是所有动物本能当中最为丰富的，人类本能是其他动物本能的综合："人类和鸟类一样，都具有婚姻生活的本能；人类像狐狸一样，对子女进行教育；人类像海狸一样具有建造房子的冲动；还具有像蜜蜂一样的习俗去建立国家并开辟殖民地；同时，人类还与蚂蚁一样，喜好战争、奴役和驯养有用的动物。"①同样，人类也与动物类似，在面对环境和生态问题时，有做出应急反应的"本能"。

在文学领域，人类在生态危机面前的应急"本能"集中体现在一些具有生态思想的现代作家的作品中，这些作品反映了人类的生态恐惧。在人类智慧之下，还有更深刻的、影响人类意识的东西存在，这就是集体潜意识的力量，自然对人类精神的影响正是在这个层面之上展开的。因此，文学艺术也需要通过对人类集体潜意识精神产生影响来完成自身的转向。

从 20 世纪中期以来，在生态运动的影响下文学开始了自己的精神转向。在诸多文学作品中，自然的地位以及人类与自然的关系等问题被重新审视。在美国，有人甚至认为，在 1945 年艾略特(Thomas Stearns Eliot)之后的一切文学现象都属于后现代范畴②。值得注意的是，文学的后现代转向并不意味着文学的生态转向(两者之间还存在着一定的差距)，但是，文学的后现代转向为生态文学的兴起奠定了基础，文学艺术的生态转向也成为一种不可逆转的趋势。

二、文学作品中人与自然的新关系

文学艺术作品的生态转向，精神生态在文学艺术中地位的确立，还带来了另一种转变，这就是人与自然关系的变化："从某种意义上说，生态批评就是超越人类中心论的文学实验。"③又如阿列克谢耶维奇(Svetlana Alexievich)所说："我不止一次想到，鸟类、鱼类，如同所有生物一样，也有形成自己历史的权利。将来总有一天，有人会把它们的历史写出来。"④生态文学似

---

① 〔德〕威廉·冯特：《人类与动物心理学论稿》，李维、沈烈敏译，杭州，浙江教育出版社，1997 年，第 1 版，第 423 页。

② 〔法〕安托瓦纳·贡巴尼翁：《现代性的五个悖论》，许钧译，第 136 页。安托瓦纳·贡巴尼翁认为："美国的后现代派承认的是著名的先驱，处在最前列的有博尔赫斯、纳博科夫和贝克特。然而，这三位作家没有什么共同之处……在欧洲，在法国，人们习惯于把他们与现代派，与米歇尔·布托尔、克洛德·西蒙、罗伯-格里耶、米兰·昆德拉等列在一起，而这些作家在美洲，明显都被当作后现代派……在美洲，文学方面凡 1945 年以来，即在 T. S. 艾略特之后发生的都被认为是后现代的。"

③ 王晓华：《生态批评——主体间性的黎明》，哈尔滨，黑龙江人民出版社，2007 年，第 1 版，第 133 页。

④ 〔白俄罗斯〕阿列克谢耶维奇：《锌皮娃娃兵》，高莽译，北京，九州出版社，2014 年，第 1 版，第 2 页。

乎正是为这样一些非人类存在物编写专属于它们的历史。

在彻底的生态转向之前,文学一直被当作人类高于万物的精神象征。别尔嘉耶夫(Nicolas Berdyaev)在他的《论人的奴役与自由》中将人与自然的关系归结为一种人类精神对自然的战争,战争的结果是人类对自然的胜利和精神的解放。他的看法代表了大多数现代理性主义者的基本观点。在文学艺术方面,他甚至认为人类艺术代表着人类对自然的一种超越:"改变了的世界就是美。美是对世界的重负和丑陋的克服。通过美发生的是向改变了的世界的突破,向与我们的世界不同的另外一个世界的突破。这个突破发生在一切艺术创造行为里,发生在对这个行为的一切艺术理解之中。"①他不断强调人类对世界的改变及其意义,他宣称人类精神能够从世界(包括人类社会和自然界在内)的奴役中逃逸出来。艺术和文学成为人类征服自然的武器,它是高于自然的精神性存在。艺术创造的美是自然不具备的,"在客体化的自然界和人之间的是人的创造行为"②,包括艺术创造能力在内,人的力量超越于自然之上。别尔嘉耶夫的观点体现了达尔文主义在社会学领域的应用——适者生存:为生存而斗争,与自然斗争,与自然界的一切非人类生物斗争,甚至与同类斗争③。

莫斯科维奇对此评论道:"人类为了逃避自然,并强迫自然力量及自然创造物向人类屈服,给自己营造另外一种不同的环境,一个精明巧妙的环境,而且是为其自身服务的独一无二的精明巧妙的环境,这就是社会。"④在心理层面上,所谓"人类精神的解放"象征人类对自然的恐惧,自然被当作奴役、压迫人类的"超我"力量。逃离自然的奴役,成为现代资本主义诞生之后人类的精神之路。"精神对奴役的胜利首先是克服恐惧,克服生的恐惧和死的恐惧。"⑤因此,人的精神对自然的胜利,是从克服人类对自然的恐惧开始的。

---

① 〔俄〕尼古拉·别尔嘉耶夫:《论人的奴役与自由——人格主义哲学体验》,张百春译,北京,中国城市出版社,2002年,第1版,第284页。

② 同上书,第286页。

③ Charles Darwin, *On Nature Selection*, New York, Penguin Group, 2005, p.1, "Nothing is easier than to admit in words the truth of the universal struggle for life, or more difficult-at least I have found it so-than constantly to bear this conclusion in mind." pp. 18～19, "The land may be extremely cold or dry, yet there will be competition between some few species, or between the individuals of the same species, for the warmest or dampest spots."

④ 〔法〕塞尔日·莫斯科维奇:《反自然的社会》,黄玉兰译,第248页。

⑤ 〔俄〕尼古拉·别尔嘉耶夫:《论人的奴役与自由——人格主义哲学体验》,张百春译,第296页。

恐惧心理并不是一个新概念，早在《圣经》当中，人类就已经意识到恐惧心理的强大作用。但是，根据人类学的研究，原始的恐惧和敬畏往往被混在一起，被祛除的恐惧也带走了人类对自然的敬畏。希望将人类的精神从自然精神中解放出来的人相信“人受自然界的奴役是存在的……战胜自然界的奴役和战胜自然界自发力量的奴役，是文明的基本主题”①。现代文明正是沿着这条希图“战胜”自然之路前进的，祛魅成为主流思潮。受此观念影响，现代理性对文学艺术作品的认识和理解更注重它对人类精神解放的功用。

从集体无意识的角度来看，无论人类采用何种方式对抗自然，都是集体心理失衡的表现。而且，人类对抗自然的每一种方式最终都以失败告终。因为，人类总是会在“胜利”之后陷入另一种新的奴役当中。别尔嘉耶夫不得不承认，“人，集体的人在同奴役他和威胁他的自发的自然界斗争，使其周围的自然环境人化，制造斗争的武器，这些武器位于我们和自然界之间，于是，人就进入到技术、文明和理性的劫运的现实，并让自己的命运依赖于它们。然而，人永远也达不到对自然界统治的彻底摆脱，他还周期性地要求返回自然界，以摆脱令他窒息的技术文明”②。不止现代文明，在它之前，人类就已经在面对同样的精神问题，只不过人类与自然之间的矛盾和敌对的程度并没有今天这么深入，人类对自然的作用和影响没有今天这么广泛、深刻而已。但是，人类面对自然的精神压抑、恐惧以及紧张情绪都是伴随整个文明过程的。在现代文明影响之下，人类只相信自身存在的价值和意义，拒绝自然是其最终归宿和精神家园。

在生态文学产生之前，自然存在的价值和意义只在少数浪漫主义者的精神世界里得到承认：

> 浪漫主义者总是要求返回自然界，摆脱理性的统治，摆脱文明的奴役人的规范。浪漫主义者的“自然界”从来不是自然科学认识和技术作用的自然界，不是必然性和规律性的“自然界”。自然界在卢梭那里有完全另一种意义，列夫·托尔斯泰的自然界也有另外的意义。在这里，自然界是神圣的，令人愉快的，它给病态的和分裂的文明人带来医治。这个激情具有永恒的意义，人将周期性地被它所感染。③

---

① 〔俄〕尼古拉·别尔嘉耶夫：《论人的奴役与自由——人格主义哲学体验》，张百春译，第108页。

② 同上。

③ 同上书，第114页。

在浪漫主义文学家眼里，自然并非是理性所拒斥的压迫者，相反，它是人类精神的归宿。理性才是让人类陷入被奴役状态的原因。但是，文学艺术家对自然的热爱并非是一种完全意义上的生态精神。所谓完全意义是指，具有浪漫主义倾向的文学家的创作并非是来自他们对自然的根深蒂固的喜好，其最初的创作动机只是出于对现代理性给人类精神带来的种种危机的质疑。带着质疑，他们走向自然(尤其是荒野)去寻求精神的解脱。但是，这种方式并不能够从根本上改变人类内心深处的恐惧。对自然的审美也只是出于人类自身的“利益”，其目的是为了让现代文明压抑下的人类精神得以舒解，它并非是真正意义上的生态精神。

直到生态文学的出现，文学才实现了真正的转向。从集体心理层面来看，浪漫主义的文学艺术是人类集体无意识深处敬畏自然的表现，但是它同理性精神所宣扬的人类从奴役中解脱出来并没有根本区别。浪漫主义精神发现理性所宣扬的人类精神的解救只是一种虚妄的幻想的时候，人们开始重新找寻遗失的灵魂，此时此刻，自然便成为疗救精神疾病的“特效药”。但是，人们内心深处依然保有理性主义所宣扬的人是万物之灵的思想。自然存在的价值并没有成为人类生存需要的一部分，自然只是人们对抗现代文明和现代理性的武器。浪漫主义精神与现代文明的对立，是现代文明对抗自然的另一个版本。人类第一次成为配角。即使在华兹华斯的诗歌里，人类依然矗立于自然的怀抱，将自然精神融化到人类自我精神和意志当中。如同在现代理性看来，自然是人类精神的奴役者一样，对于浪漫主义而言，现代理性是人类精神的新的奴役者。浪漫主义的最终目的是为了实现人类精神的真正自由。无论从自然中解脱或是从理性中逃逸，自然都被“工具化”了，自然的权利和地位并没有得到真正的尊重。当然，相对于现代文明和现代理性而言，浪漫主义思想的确拓展了人类的精神世界。

综上所述，人类心灵向生态精神的真正转向，应当始于生态文学的出现。自然是这些作品的主角，人类从属于自然，自然与人类是一体的，作为关系综合体的自然精神内在于人类精神之中，它构成了人类集体无意识精神的基础。生态文学是一个整体——一个生态的、统一的整体，自然与人类之间不存在相互敌对、“奴役—反抗”的关系。

结　语

研究荣格的过程，就像是在梦的无底洞中不断下落的过程。荣格精神及其生态文艺思想也如那复杂纠结、迷离缠绕的梦境般难以把握。幸而文学家以其非凡的天赋来描绘梦、并用精妙的语言来解释它的意义，研究者才得以接近神秘的潜意识的世界。

这一过程还可以解释为灵魂向宇宙某处的回归，如同人类在目睹自然奇景时感受到的心灵震颤那样。这种感觉似曾相识，却与人类越来越疏离。它曾如图腾柱上的神像，护卫人类心灵。如今，当人们沉醉于现代文明的狂欢之时，它却迷失在梦的尘雾中，让人们难以寻觅它的踪迹。灵魂的走失不仅导致现代人在精神上感到无比空虚和焦虑，它还象征人类同自然相疏远的深层心理。

梦　境

在荣格的精神世界里，你会不断重复这样的梦，你明明知道其中蕴藏着私欲，而且是灵魂深处膨胀的奢欲，但是，你却不由自主地违背荣格的劝诫——他断言意识永远无法认识潜意识的真正面貌，当你只身接近它，以为自己能够揭穿潜意识的神秘面纱的时候，却看到了狰狞的面容：

在梦中，我以为自己发现了潜意识，我开始接近它，却感到无比恐惧。它是白色的，白花花的、坚硬的又仿佛是柔软的，像一块巨大的白色的奶酪，它似乎要将我吸进去，却又拒斥我，狠狠地将我从梦中催醒。

梦展示了人类的潜意识，它虽然裹挟着欲望，却来自于人类灵魂深处最真实、最原始、最质朴的世界：

> 梦恰恰来自这将一切结成一体的深处，它绝不是幼稚、古怪、不道德的东西。在坦率与真诚方面，它就像一朵鲜花那样使我们为我们人

> 生的虚假感到羞愧。无怪乎在所有的古代文明中，印象深刻的梦总是被视为神谕！我们时代的理性主义仍然把梦解释成白昼留下的残余，就像从意识丰盛的筵桌上掉到黑暗世界中去的面包屑一样。于是，这黑暗的深处就仅仅不过是一只空空的口袋，里面装的仅仅是从上面掉下去的东西而已。但为什么我们总是忘记，在人类文化的宽广领域中，没有什么高贵、美丽的东西不是最初发源于一种偶然走运的想法(lucky idea)呢？如果从此再没有任何人有这种东西，人类将会变得怎样呢？恐怕更为正确的说法应该是：我们的意识才是那样一只口袋，里面装的仅仅是碰巧掉到里面去的东西。我们从未充分估计到我们是多么依赖于偶然的想法——直到我们痛苦的发现，这样的想法已经不会再光顾我们。一个梦就是一个偶然而走运的想法，它来自心理中黑暗的、把一切结为一体的世界。当我们让自己迷失在世界表面那无穷无尽的殊相和互不相关的细节中时，还有什么比去轻叩梦的小门，向它索取能够使我们更靠近人类生活基本事实的东西更自然的呢？①

梦表现了这个世界的另一面，这是一个跟人类日常所见到的世界完全不同的地方，但是却影响着人类对待所见到的整个自然和宇宙的态度。在文明和理性之下，意识还在为终极幸福而苦苦追寻的时候，人类却在梦里感受到来自宇宙的召唤，就像冥冥中上帝的声音，带给心灵安宁和抚慰。它呈现了一个理想的世界，如同桃花源或是乌拉尼亚那样的世界，它永远承载着“乌托邦”的理想，即使在以征服自然、统治世界为荣耀的现代文明社会中，这一理想也如幽灵般挥之不去。

荣格希望在梦中找到人类精神的真正归宿，因为只有在梦境中，人们才会最接近潜意识、接近自然和宇宙所赋予的人类的天性。但是，对梦的研究并非是科学实验，梦的自我呈现也是一个复杂的过程。很多时候，它看起来是将自己的真实面貌伪装起来，实际上却是理性思维方式对梦的曲解。

在精神世界中，梦并不意味着迷信和落后，相反，它象征了人类精神最本真的面貌。它是潜意识之镜，映照出心灵的全部形象，而非扭曲、分裂的灵魂。在现代人的梦里，人类能够感受到原始祖先所体验过的自然；而在原始人的梦中，则是更早期原始生命的经验。梦铭刻着人类亘古不变的记忆，正是这种记忆让人们的灵魂保留了对自然的热爱和对崇高宇宙精神的赞誉，即使自然带给人类无穷无尽的苦难，人们依旧对它充满期待，依旧孜孜

① 〔瑞士〕荣格著，冯川编：《荣格文集》，冯川、苏克译，第140～141页。

不倦地为寻觅灵魂的安宁、精神的平衡而努力。就荣格而言，梦是潜意识最好的栖息地，就像远离人类文明的荒野是动物们最安全的栖息地那样。在梦的神秘世界里，潜意识不再是被意识管制和压抑的对象，它可以充分表现自身，尤其是那些被文明所摒弃的自然本性。但是，梦对人类本性的勾勒并非如癔症病患者般偏执、狂暴，而是表现出原始图腾般令人敬畏的神采。

即便如此，梦依然被理性加以排斥，尤其是在征服自然的狂欢面前，梦的色彩全都被彻夜闪烁的霓虹灯所掩盖，人类只看到在梦的神秘面纱被揭开后宇宙万物惨死的景象，伴随而逝的是自然的精神以及人类的灵魂。因而，梦的悲剧也象征了人类精神的悲剧。

文　学

进入文学的世界，梦境幻化为一个格外神奇的、只有在童话故事中才会有的景象：

诗意、诗情以及诗性就诞生于某个史前期动物的身体之中，或许是某只飞跃皑皑雪山的翼龙，随着自然的进化和生态系统的循环，它身体的一部分最终成为某位伟大诗人的脑细胞，并促使其写下最壮丽的诗文。在这些诗文中，人类似乎能够看到那只翼龙曾阅读过的自然，那仿佛就在梦中反复出现过。

这梦向人们展示了宇宙的另一种生动，心灵原本就从属于这个世界，它才是宇宙和自然的真正面貌。然而它却总是被种种荒诞的偏执、恐惧和欲望所遮蔽：一些人认为，人类与自然的关系是对立的，人们“一直是为了命运才与大自然作斗争”①，却不知“这种斗争是由人类挑起的”②。因而，随着时间的推移，它并没有像一些启蒙主义思想家梦想的那样变成一个美好的新世界，相反，却变成了人类灵魂永远无法摆脱的噩梦。

正如精神分析学家们对梦所做的解释那样：梦本身并不是潜意识，而是潜意识的形象化。与其说潜意识总是通过各种方式来表达自身，不如说它是借助种种“假象”来遮蔽其本真的面貌。必须通过分析、甄别才能发掘它背后的真相。假如潜意识备受压抑，那么它便将梦变成一头狰狞可怖的怪兽，意识对它压抑得越重，它对意识的反抗也就越激烈。就像现代文明之下

---

① 〔法〕塞尔日·莫斯科维奇：《反自然的社会》，黄玉兰译，第97页。

② 同上。

人类同自然的关系那样，人类对自然的榨取、掠夺和侵犯越严重、越频繁，自然对人类世界的反抗也就越顽强。能够解释这些现象的唯一理由就是：人类已经患上了严重的精神疾病，人们丢失了自己的灵魂，人的精神游荡在宇宙和自然精神之外，找不到归宿。人们希望在梦境之外，找到一种更为形象、更易于把握的东西，来救治人类的精神病症。于是，人们求助于文学和艺术，并希望在文艺作品中找到有力的证据，用以支撑他对人类精神问题所做的判断。

荣格相信，个体心灵只不过是一个更大的民族精神的缩影，它所能容纳的远远少于某个民族的集体精神，即使是人类全体也并非自然精神的全部内容。因此，他必须将文学以及作家的心灵放置在更为广阔的宇宙背景之下，在此基础上探究文学艺术的创作动机，以避免陷入人类中心主义的狭隘范畴。结果，他惊奇地发现，作家的创作动机远远超越个体潜意识的界限，一些伟大的文学家将历史、民族乃至整个人类的精神重荷全都压在受众的心灵之上，并借此引起读者的强烈共鸣，让他们体验从未有过的压抑。在文学和艺术作品所构筑的强大幻象面前，人们能够感知卑微的自我灵魂和宏伟的宇宙精神，其中还缠绕着复杂的、情感，以及纠结模糊的记忆。

但是，即使形象生动、意象明确的文学作品，也很难表现人类精神的真正面貌，更不用说漫无边际的自然和宇宙精神。于是，有人干脆将自然精神融入人类的灵魂之中，从小宇宙的狭窄空间中探查大宇宙的精髓，就像格里芬及其追随者们所做的那样。这更像是荣格精神的延续，将个体潜意识从人类心灵当中剥离开来，手持铁镐、铲子挖掘个体灵魂之下的泥土，他们寄希望于在那厚重土壤中找到伟大的集体无意识的地宫，他们相信那里一定埋藏着宝藏，这些宝藏一定能够拯救人类的精神危机；或者在那里找到人类精神的出路，为人类以及整个世界的灵魂带来真正的安宁。

从荣格以及荣格精神的继承者身上，我们看到他们对现代文明之下人类精神危机的担忧和对拯救人类灵魂的强烈期待。对于他们来说，文学和艺术作品就像梦一样，反映了人类精神与自然精神最本真的关系。而荣格对文本心理和作家心理的研究则遵循着某种既定的、内在的原则，如我们所看到的那样，这一原则的基础正是生态精神。

精　　神

在冯川对荣格的心理学理论及其同文学之间关系的评价当中，研究者可以归纳出一个基本的观点，这就是：荣格心理学对文学的意义在于精神性回归——尤其强调对人文精神的回归。[①] 进一步而言，其意义还在于对人类灵魂深处自然和宇宙精神的回归。荣格对人类集体无意识的探索，其目的是对人类精神的追寻。他希望人类能够找到一种真正的精神性存在方式，而非以货币价值为核心的物质主义的存在方式。在建设性后现代批评家看来，这种存在方式即生态存在。

生态危机产生的根源在于人类对自然在认识上的偏执，偏执由焦虑引起，而心灵的焦虑则主要来自集体无意识深处潜藏着的原始恐惧。如荣格所说，“我们在知识上变得富有了，却在智慧方面变得匮乏”[②]。伴随人类的成长，自然灾难、自然现象在人类内心深处留下非常深刻的印记，并逐渐积淀下来，形成人类集体无意识当中最复杂、神秘的记忆和情感内容，哲学、文学、宗教、科学等活动都受到这种情感的影响。

在符合自然精神的文学艺术和宗教情怀之中，人类心灵对自然的排斥情绪可以得到疏解和释放。而在现代理性精神所构建的社会之中，人类精神同自然之间的对抗却更加激烈。对自然的恐惧及其所引起的焦虑，最终演化为对科学的盲目崇拜和对征服自然这一信念的偏执追求。正如荣格所说：“所有的自我意识都是孤立的；由于它起分别、有我执，它认识的便仅仅是那特殊的东西，它看见的便仅仅是那关乎自我的东西。自我意识的本质是局限，哪怕它能够抵达宇宙中最远的星云也仍然如此。”[③]

科学和理性的终极目标在于人类世界与自然世界的脱离，即最大限度地满足荣格所要摆脱的“我性”。就像建设性后现代哲学家乔·霍兰德(John Holland)所讽刺的那样，“现代理性主义力图创造出一种完全人工性的环境使自己摆脱自然”[④]。根据精神分析心理学理论来看，人类对自然的反抗以及妄图征服自然的欲望，实质上反映了意识对潜意识的反抗。在理性之下，人类希图超越潜意识中深藏着的对自然的恐惧，实现控制自然万物的欲望。但是，这种努力最终以人类与自然之间关系的崩溃和人类精神危机的出现而宣告失败。

如怀特海(Alfred North Whitehead)所说：“理性主义是一种企图使思

① 冯川：《荣格的精神——一个英雄与圣人的神话》，第9～10页。
② 〔瑞士〕荣格：《转化的象征——精神分裂症的前兆分析》，孙立明、石小竹译，第24页。
③ 〔瑞士〕荣格著，冯川编：《荣格文集》，冯川、苏克译，第140页。
④ 〔美〕大卫·格里芬编：《后现代精神》，王成兵译，第78页。

想明晰化的探险，这一探险不断进步，永无终止。但在这一探险的过程中，每一局部的成功都是重要的。”①对于他所代表的过程哲学来说，人类对理性的探索是无法使思想达到终极明晰状态的，即所谓“祛魅”是永远无法实现的。它只是作为人类认识自然过程中的一个阶段，但它却给人类精神带来危机。因而，现代理性希望人类精神摆脱自然的奴役与控制的计划就更像是一种虚妄的幻想，人类与自然生态之间的关系也并非如他们所看到的那样是一种奴役与反抗的斗争模式。相反，人类应当调整自己的观念，并且摆正自己在整个生态系统当中的位置，尤其是在精神层面上响应生态精神和宇宙精神的内在需要。

面对现代性给人类带来的毁灭性破坏，拯救人类自我精神危机成为后现代思想家追求的目标。从福柯到德里达再到大卫·格里芬，他们都希望能够调整人类精神与整个宇宙和自然之间的关系，最终实现人类精神的回归，即精神生态意义上的回归。

将人类的视野从自身转向整个自然和生态系统，象征在集体潜意识基础上意识对自我的反思。这对于文学的精神意义在于新的批评范式的产生：生态批评，它意味着文学批评从对人类的精神世界的关注转向对整个生态系统的关注。在后现代生态哲学的理论背景下，它指向文学批评的未来——实现人类精神向生态精神的回归。所以，发掘人类集体潜意识中的精神生态资源对于实现人类精神性回归具有非常重要的意义。

准确地说，文学批评的生态转向体现了新的哲学世界观的转向。在建设性后现代世界观语境下，生态批评似乎更富于诗意：梦幻、仪式、神话、传说等精神原型同生态相结合，它让文学批评从冷酷的货币价值体系和“世界祛魅”的精神束缚中解脱出来，重新回归到一种符合自然的、符合生态精神的状态之中。生态文学和生态转向实质上表达了人类对自身生存状况的担忧，是“人类灵魂自我拯救”的过程，是在集体无意识基础上，人类对自然精神的察觉和自我反思。

---

① 〔英〕怀特海：《过程与实在》，周邦宪译，贵阳，贵州人民出版社，2006年，第1版，第12页。

参考文献

中文文献

一、心理学类

1.〔瑞士〕荣格:《荣格文集》(全九卷),谢晓健等译,北京:国际文化出版公司 2011 年,第 1 版。

2.〔瑞士〕荣格:《荣格自传》,刘国彬、杨德友译,北京:国际文化出版公司,2005 年,第 1 版。

3.〔瑞士〕荣格:《未发现的自我》,张敦福、赵蕾译,北京:国际文化出版公司,2001 年,第 1 版。

4.〔瑞士〕荣格:《人及其表象》,张月译,北京:中国国际广播出版社,1989 年,第 1 版。

5.〔瑞士〕荣格著,冯川编:《荣格文集》,冯川、苏克译,北京:改革出版社,1997 年,第 1 版。

6.〔瑞士〕荣格:《天空中的现代神话》,张跃宏译,北京:东方出版社,1989 年,第 1 版。

7.〔瑞士〕荣格:《现代灵魂的自我拯救》,黄奇铭译,北京:工人出版社,1987 年,第 1 版。

8.〔瑞士〕荣格:《东洋冥想的心理学——从易经到禅》,杨儒宾译,北京:社会科学文献出版社,2000 年,第 1 版。

9.〔瑞士〕荣格:《分析心理学的理论与实践——塔维斯托克讲演》,成穷、王作虹译,北京:生活·读书·新知三联书店,1991 年,第 1 版。

10.〔瑞士〕荣格、〔德〕卫礼贤:《金华养生秘旨与分析心理学》,通山译,北京:东方出版社,1993 年,第 1 版。

11.〔瑞士〕荣格:《人,艺术和文学中的精神》,孔长安、丁刚译,北京:华夏出版社,1989 年,第 1 版。

12.〔瑞士〕荣格:《心理类型学》,吴康、丁传林、赵善华译,西安:华岳文艺出版社,1989 年,第 1 版。

13.〔瑞士〕荣格:《性与梦——无意识精神分析原理》,梁绿琪译,北京:中国国际广播出版社,1989 年,第 1 版。

14.〔瑞士〕荣格:《荣格谈心灵之路》,梁凤雁编译,北京:中国工人出版社,2009 年,第 1 版。

15.〔德〕埃利希·诺伊曼:《深度心理学与新道德》,高宪田、黄水乞译,北京:东方出版社,1998 年,第 1 版。

16.〔德〕埃利希·诺伊曼:《大母神——原型分析》,李以洪译,北京:东方出版社,1998年,第1版。
17.〔美〕戴维·罗森:《荣格之道》,申荷永等译,北京:中国社会科学出版社,2003年,第1版。
18.〔美〕哈里·A.威尔默:《可理解的荣格——荣格心理学的个人方面》,杨韶刚译,北京:东方出版社,1998年,第1版。
19.〔美〕阿瑟·科尔曼、莉比·科尔曼:《父亲:神话与角色的变换》,刘文成、王军译,北京:东方出版社,1998年,第1版。
20.〔美〕艾伦·奇南:《秋空爽朗——童话故事与人的后半生》,刘幼怡译,北京:东方出版社,1998年,第1版。
21.〔美〕默里·斯坦因:《日性良知与月性良知——论道德、合法性和正义感的心理基础》,喻阳译,北京:东方出版社,1998年,第1版。
22.〔美〕卡尔文·S.霍尔、沃农·J.诺德拜:《荣格心理学纲要》,张月译,郑州:黄河文艺出版社,1987年,第1版。
23.〔美〕R.比尔斯克尔:《荣格》,周艳辉译,北京:中华书局,2004年,第1版。
24.〔美〕杰佛瑞·芮夫:《荣格与炼金术》,廖世德译,长沙:湖南人民出版社,2012年,第1版。
25.〔美〕拉德米拉·莫阿卡宁:《荣格心理学与藏传佛教:东西方的心灵之路》,蓝莲花译,北京:世界图书出版公司,2015年,第1版。
26.〔美〕理查德·诺尔:《荣格崇拜——一种有超凡魅力的运动的起源》,曾林译,上海:上海译文出版社,2002年,第1版。
27.〔美〕刘耀中、李以洪:《荣格心理学与佛教》,北京:东方出版社,2004年,第1版。
28.〔美〕刘耀中、李以洪:《建造灵魂的庙宇——西方著名心理学家荣格评传》,北京:东方出版社,1996年,第1版。
29.〔美〕刘耀中:《荣格、弗洛伊德与艺术》,北京:宝文堂书店,1989年,第1版。
30.〔英〕温森特·布罗姆:《荣格:人和神话》,文楚安译,郑州:黄河文艺出版社,1989年,第1版。
31.〔英〕汉娜:《荣格的生活与工作:传记体回忆录》,李亦雄译,北京:东方出版社,1998年,第1版。
32.〔英〕芭芭拉·汉娜著,〔美〕迪安·L.弗兰茨编:《猫、狗、马》,刘国彬译,北京:东方出版社,1998年,第1版。
33.〔英〕安东尼·斯托尔:《荣格》,陈静、章建刚译,北京:中国社会科学出版社,1989年,第1版。
34.〔澳大利亚〕大卫·戴西:《荣格与新时代》,龚艺蕾译,北京:世界图书出版公司,2015年,第1版。
35.〔日〕河合俊雄:《荣格——灵魂的现实性》,赵金贵译,石家庄:河北教育出版社,2001年,第1版。
36.〔日〕铃木大拙、〔美〕弗洛姆等:《禅与心理分析》,孟祥森译,海口:海南出版社,2012年,第1版。
37.冯川:《荣格的精神——一个英雄与圣人的神话》,海口:海南出版社,2006年,第1版。

38. 丰荷永:《荣格与分析心理学》,广州:广东高等教育出版社,2004 年,第 1 版。
39. 〔德〕威廉·冯特:《人类与动物心理学论稿》,李维、沈烈敏译,杭州:浙江教育出版社,1997 年,第 1 版。
40. 〔美〕卡伦·霍尼:《我们内心的冲突》,王作虹译,南京:译林出版社,2011 年,第 1 版。
41. 〔美〕卡伦·霍尼:《我们时代的神经症人格》,冯川译,南京:译林出版社,2011 年,第 1 版。
42. 〔美〕埃·弗洛姆:《精神分析与宗教》,孙向晨译,上海:上海人民出版社,2006 年,第 1 版。
43. 〔美〕D. M. 巴斯:《进化心理学》,熊哲宏、张勇、晏倩译,上海:华东师范大学出版社,2007 年,第 1 版。
44. 〔美〕B. F. 斯金纳:《超越自由与尊严》,陈维纲、王映桥、栗爱平译,贵阳:贵州人民出版社,2006 年,第 1 版。
45. 〔美〕杜·舒尔茨:《应用心理学》,钟锦泉等译,广州:广东高等教育出版社,1987 年,第 1 版。
46. 〔美〕盖尔·戈德温:《心的简史》,彭亦农译,长沙:湖南文艺出版社,2009 年,第 1 版。
47. 〔美〕约翰·麦克道威尔:《心灵与世界》,刘叶涛译,北京:中国人民大学出版社,2006 年,第 1 版。
48. 〔美〕乔治·H. 米德:《心灵、自我与社会》,赵月瑟译,上海:上海译文出版社,2008 年,第 1 版。
49. 〔美〕约瑟夫·坎贝尔:《千面英雄》,张承谟译,上海:文艺出版社,2000 年,第 1 版。
50. 〔英〕乔治·弗兰克尔:《性革命的失败》,宏梅译,北京:国际文化出版公司,2006 年,第 1 版。
51. 〔英〕乔治·弗兰克尔:《文明:乌托邦与悲剧》,褚振飞译,北京:国际文化出版公司,2006 年,第 1 版。
52. 〔英〕乔治·弗兰克尔:《未知的自我》,刘翠玲译,北京:国际文化出版公司,2006 年,第 1 版。
53. 〔英〕乔治·弗兰克尔:《探索潜意识》,华微风译,北京:国际文化出版公司,2006 年,第 1 版。
54. 〔奥地利〕弗洛伊德:《弗洛伊德文集》,车文博主编,金星明等译,长春:长春出版社,2010 年,第 1 版。
55. 〔奥地利〕弗洛伊德:《一种幻想的未来 文明及其不满》,严志军、张沫译,上海:上海人民出版社,2007 年,第 1 版。
56. 〔奥地利〕弗洛伊德:《弗洛伊德后期著作选》,林尘、张唤民、陈伟奇译,上海:上海译文出版社,2005 年,第 1 版。
57. 〔奥地利〕弗洛伊德:《论创造力与无意识》,孙恺祥译,北京:中国展望出版社,1986 年,第 1 版。
58. 〔奥地利〕阿兰·瓦尼埃:《精神分析心理学导论》,怀宇译,天津:天津人民出版社,2008 年,第 1 版。
59. 〔瑞士〕卡斯特:《摆脱恐惧和共生的方法》,朱刘华译,北京:国际文化出版公司,2008 年,第 1 版。

60.〔瑞士〕卡斯特:《梦:潜意识的神秘语言》,王青燕、俞丹译,北京:国际文化出版公司,2008年,第1版。
61.〔瑞士〕卡斯特:《依然故我》,刘沁卉译,北京:国际文化出版公司,2008年,第1版。
62.〔法〕莫里斯·哈布瓦赫:《论集体记忆》,毕然、郭金华译,上海:上海人民出版社,2002年,第1版。
63.〔意〕鲁伊基·肇嘉:《父性——历史、心理与文化的视野》,张敏、王锦霞、米卫文译,北京:中国社会科学出版社,2006年,第1版。
64.〔俄〕尤里·谢尔巴特赫:《恐惧感与恐惧心理》,刘文华、杨进发、徐永平译,北京:华文出版社,2008年,第1版。
65.鲁枢元:《文学的跨界研究:文学与心理学》,上海:学林出版社,2011年,第1版。
66.申荷永:《心灵与境界》,郑州:郑州大学出版社,2009年,第1版。
67.申荷永编:《灵性:意象与感应》,广州:广东高等教育出版社,2006年,第1版。
68.申荷永:《心理分析——理解与体验》,北京:生活·读书·新知三联书店,2004年,第1版。
69.张雷:《进化心理学》,广州:广东高等教育出版社,2007年,第1版。
70.秦晓利:《生态心理学》,上海:上海教育出版社,2006年,第1版。

二、生态类

71.〔美〕罗德里克·弗雷泽·纳什:《大自然的权利(环境伦理学史)》,杨通进译,青岛:青岛出版社,1999年,第1版。
72.〔美〕尤金·哈格洛夫:《环境伦理学基础》,杨通进、江娅、郭辉译,重庆:重庆出版社,2007年,第1版。
73.〔美〕阿诺德·柏林特主编:《环境与艺术:环境美学的多维视角》,刘悦笛等译,重庆:重庆出版社,2007年,第1版。
74.〔美〕阿诺德·柏林特:《环境之美》,张敏、周雨译,长沙:湖南科学技术出版社,2006年,第1版。
75.〔美〕阿诺德·伯林特:《生活在景观中》,陈盼译,长沙:湖南科学技术出版社,2006年,第1版。
76.〔美〕彼得·S.温茨:《环境正义论》,朱丹琼、宋玉波译,上海:上海人民出版社,2007年,第1版。
77.〔美〕彼得·S.温茨:《现代环境伦理》,朱丹琼、宋玉波译,上海:上海人民出版社,2007年,第1版。
78.〔美〕肯·威尔伯:《性、生态、灵性》,李明等译,北京:中国人民大学出版社,2009年,第1版。
79.〔美〕肯·威尔伯:《万物简史》,许金声等译,北京:中国人民大学出版社,2006年,第1版。
80.〔美〕巴里·康芒纳:《与地球和平共处》,王喜六、王文江、陈兰芳译,上海:上海译文出版社,2002年,第1版。
81.〔美〕彼得·休伯:《硬绿——从环境主义者手中拯救环境·保守主义者宣言》,戴星翼、徐立青译,上海:上海译文出版社,2002年,第1版。

82.〔美〕贾雷德·戴蒙德:《崩溃——社会如何选择成败兴亡》,江滢、叶臻译,上海:上海译文出版社,2008 年,第 1 版。

83.〔美〕唐纳德·休斯:《什么是环境史》,梅雪芹译,北京:北京大学出版社,2008 年,第 1 版。

84.〔美〕列奥·施特劳斯:《自然权利与历史》,彭刚译,北京:生活·读书·新知三联书店,2003 年,第 1 版。

85.〔美〕劳伦斯·布伊尔:《环境批评的未来》,刘蓓译,北京:北京大学出版社,2010 年,第 1 版。

86.〔美〕劳伦斯·布伊尔:《为濒危的世界写作——美国及其他地区的文学、文化和环境》,岳友熙译,北京:人民出版社,2015 年,第 1 版。

87.〔美〕斯科特·斯洛维克:《走出去思考》,韦清琦译,北京:北京大学出版社,2010 年,第 1 版。

88.〔美〕格伦·A. 洛夫:《实用生态批评》,胡志红等译,北京:北京大学出版社,2010 年,第 1 版。

89.〔美〕利奥·马克斯:《花园里的机器》,马海良、雷月梅译,北京:北京大学出版社,2011 年,第 1 版。

90.〔英〕基思·托马斯:《人类与自然世界(1500—1800 年间英国观念的变化)》,宋丽丽译,南京:译林出版社,2008 年,第 1 版。

91.〔英〕威廉·内纳特、彼得·科茨:《环境与历史(美国和南非驯化自然的比较)》,包茂红译,南京:译林出版社,2008 年,第 1 版。

92.〔英〕斯蒂芬·R. L. 克拉克:《生物学与基督教伦理学》,李曦译,北京:北京大学出版社,2006 年,第 1 版。

93.〔英〕布赖恩·巴克斯特:《生态主义导论》,曾建平译,重庆:重庆出版社,2007 年,第 1 版。

94.〔英〕简·汉考克:《环境人权:权利、伦理与法律》,李隼译,重庆:重庆出版社,2007 年,第 1 版。

95.〔加〕卡尔松:《环境美学——自然、艺术与建筑的鉴赏》,杨平译,成都:四川人民出版社,2006 年,第 1 版。

96.〔加〕艾伦·卡尔松:《自然与景观》,陈李波译,长沙:湖南科学技术出版社,2006 年,第 1 版。

97.〔法〕米歇尔·柯南:《穿越岩石景观——贝纳尔·拉絮斯的景观言说方式》,赵红梅、李悦盈译,长沙:湖南科学技术出版社,2006 年,第 1 版。

98.〔法〕塞尔日·莫斯科维奇:《反自然的社会》,黄玉兰译,天津:天津人民出版社,2002 年,第 1 版。

99.〔芬〕约·瑟帕玛:《环境之美》,武小西、张宜译,长沙:湖南科学技术出版社,2006 年,第 1 版。

100.〔澳大利亚〕薇尔·普鲁姆德:《女性主义与对自然的主宰》,马天杰、李丽丽译,重庆:重庆出版社,2007 年,第 1 版。

101.〔巴西〕何塞·卢岑贝格:《自然不可改良》,黄凤祝译,北京:生活·读书·新知三联书店,1999 年,第 1 版。

102. 尹绍亭、〔日〕秋道智弥主编:《人类学生态环境史研究》,北京:中国社会科学出版社,2006 年,第 1 版。
103. 曾繁仁:《生态存在论美学论稿》,长春:吉林人民出版社,2009 年,第 1 版。
104. 余谋昌:《生态哲学》,西安:陕西人民教育出版社,2000 年,第 1 版。
105. 余谋昌:《生态文化论》,石家庄:河北教育出版社,2001 年,第 1 版。
106. 鲁枢元:《文学的跨界研究:文学与生态学》,上海:学林出版社,2011 年,第 1 版。
107. 鲁枢元:《生态批评的空间》,上海:华东师范大学出版社,2006 年,第 1 版。
108. 鲁枢元编:《自然与人文》,上海:学林出版社,2006 年,第 1 版。
109. 鲁枢元:《生态文艺学》,西安:陕西人民出版社,2000 年,第 1 版。
110. 鲁枢元:《精神守望》,上海:东方出版中心,1998 年,第 1 版。
111. 杨通进编:《现代文明的生态转向》,重庆:重庆出版社,2007 年,第 1 版。
112. 杨通进编:《生态二十讲》,天津:天津人民出版社,2008 年,第 1 版。
113. 王晓华:《生态批评——主体间性的黎明》,哈尔滨:黑龙江人民出版社,2007 年,第 1 版。
114. 常杰、葛滢编:《生态学》,杭州:浙江大学出版社,2001 年,第 1 版。

三、人类学类

115. 〔德〕M. 兰德曼:《哲学人类学》,阎嘉译,贵阳:贵州人民出版社,2006 年,第 2 版。
116. 〔德〕伊曼努尔·康德:《实用人类学》,邓晓芒译,上海:上海人民出版社,2005 年,第 1 版。
117. 〔美〕威廉·亚当斯:《人类学的哲学之根》,黄剑波、李文建译,桂林:广西师范大学出版社,2006 年,第 1 版。
118. 〔美〕路易斯·亨利·摩尔根:《古代社会》,杨东莼、马雍、马巨译,北京:商务印书馆,1977 年,第 1 版。
119. 〔美〕丹尼尔·J. 布尔斯廷:《发现者——人类探索世界和自我的历史》,吕佩英等译,上海:上海译文出版社,2014 年,第 1 版。
120. 〔美〕威廉·A. 哈维兰:《文化人类学》,瞿铁鹏、张钰译,上海:上海社会科学院出版社,2006 年,第 1 版。
121. 〔英〕达尔文:《人类的由来》,潘光旦、胡寿文译,北京:商务印书馆,1983 年,第 1 版。
122. 〔英〕达尔文:《物种起源》,舒德干等译,北京:北京大学出版社,2005 年,第 1 版。
123. 〔英〕爱德华·泰勒:《原始文化》,连树声译,桂林:广西师范大学出版社,2005 年,第 1 版。
124. 〔英〕J. G. 弗雷泽:《金枝》,徐育新、张泽石、汪培基译,北京:新世界出版社,2006 年,第 1 版。
125. 〔英〕罗宾·布里吉斯:《与巫为邻——欧洲巫术的社会和文化语境》,雷鹏、高永宏译,北京:北京大学出版社,2005 年,第 1 版。
126. 〔英〕A. R. 拉德克利夫-布朗:《原始社会的结构与功能》,丁国勇译,北京:九州出版社,2007 年,第 1 版。
127. 〔英〕理查德·利基:《人类的起源》,吴汝康等译,上海:上海科学技术出版社,1995 年,第 1 版。

128.〔英〕布罗尼斯拉夫·马林诺夫斯基:《西太平洋上的航海者》,张云江译,北京:中国社会科学出版社,2009年,第1版。

129.〔法〕克洛德·列维-斯特劳斯:《结构人类学》,张祖建译,北京:中国人民大学出版社,2006年,第1版。

130.〔法〕列维-斯特劳斯:《图腾制度》,渠东译,上海:上海人民出版社,2002年,第1版。

131.〔法〕克洛德·列维-斯特劳斯:《野性的思维》,李幼蒸译,北京:中国人民大学出版社,2006年,第1版。

132.〔法〕列维-布留尔:《原始思维》,丁由译,北京:商务印书馆,1981年,第1版。

133.〔法〕亨利·伯格森:《创造进化论》,姜志辉译,北京:商务印书馆,2004年,第1版。

134.〔法〕爱弥尔·涂尔干、马塞尔·莫斯:《原始分类》,汲喆译,上海:上海人民出版社,2005年,第1版。

135.〔法〕马赛尔·莫斯-昂利于贝尔:《巫术的一般理论——献祭的性质与功能》,杨渝东、梁永佳、赵丙祥译,桂林:广西师范大学出版社,2007年,第1版。

136.〔日〕石田英一郎、泉靖一、曾野寿彦、寺田和夫:《人类学》,金少萍译,北京:民族出版社,2008年,第1版。

137.〔苏联〕海通:《图腾崇拜》,何星亮译,桂林:广西师范大学出版社,2004年,第1版。

138.叶舒宪:《文学与人类学——知识全球化时代的文学研究》,北京:社会科学文献出版社,2003年,第1版。

四、哲学类

139.〔德〕费希特:《论学者的使命 人的使命》,梁志学、沈真译,北京:商务印书馆,1984年,第1版。

140.〔德〕舍勒:《舍勒选集》,刘小枫选编,上海:上海三联书店,1999年,第1版。

141.〔德〕尼采:《不合时宜的沉思》,李秋零译,上海:华东师范大学出版社,2007年,第1版。

142.〔德〕卡尔·雅斯贝斯:《时代的精神状况》,王德峰译,上海:上海译文出版社,1997年,第1版。

143.〔德〕马克斯·韦伯:《新教伦理与资本主义精神》,彭强、黄晓京译,西安:陕西师范大学出版社,2002年,第1版。

144.〔德〕阿尔布莱希特·维尔默:《论现代和后现代的辩证法——遵循阿多诺的理性批判》,钦文译,北京:商务印书馆,2003年,第1版。

145.〔德〕威廉·狄尔泰:《历史中的意义》,艾颜、逸飞译,北京:中国城市出版社,2002年,第1版。

146.〔德〕彼得·克斯罗夫斯基:《后现代文化》,毛怡红译,北京:中央编译出版社,2011年,第1版。

147.〔德〕马丁·海德格尔:《演讲与论文集》,孙周兴译,北京:生活·读书·新知三联书店,2005年,第1版。

148.〔德〕沃尔夫冈·韦尔施:《我们的后现代的现代》,洪天富译,北京:商务印书馆,2004年,第1版。

149.〔德〕于尔根·哈贝马斯:《现代性的哲学话语》,曹卫东译,南京:译林出版社,2008

年,第1版。

150.〔德〕恩斯特·卡西勒:《卢梭问题》,〔美〕彼得·盖伊编,王春华译,南京:译林出版社,2009年,第1版。

151.〔德〕恩斯特·卡西尔:《人论》,甘阳译,上海:上海译文出版社,2004年,第1版。

152.〔德〕诺贝特·埃利亚斯:《文明的进程——文明的社会起源和心理起源的研究》,王佩莉、袁志英译,上海:上海译文出版社,2009年,第1版。

153.〔德〕奥斯瓦尔德·斯宾格勒:《西方的没落》,吴琼译,上海:上海三联书店,2006年,第1版。

154.〔德〕彼得·科斯洛夫斯基:《后现代文化》,毛怡红译,北京:中央编译出版社,2006年,第1版。

155.〔美〕浦嘉珉:《中国与达尔文》,钟永强译,南京:江苏人民出版社,2008年,第1版。

156.〔美〕罗伯特·赖特:《道德的动物——我们为什么如此》,陈蓉霞、曾凡林译,上海:上海科学技术出版社,2002年,第1版。

157.〔美〕利奥·博萨尼:《弗洛伊德式的身体:精神分析与艺术》,潘源译,上海:上海三联书店,2009年,第1版。

158.〔美〕弗里德里希·A.哈耶克:《科学的反革命》,冯克利译,南京:译林出版社,2003年,第1版。

159.〔美〕马泰·卡林内斯库:《现代性的五副面孔——现代主义、先锋派、颓废、媚俗艺术、后现代主义》,顾爱彬、李瑞华译,北京:商务印书馆,2002年,第1版。

160.〔美〕理查德·罗蒂:《后哲学文化》,黄勇编译,上海:上海译文出版社,2004年,第1版。

161.〔美〕乔治·桑塔耶纳:《怀疑主义与动物信仰》,张沛译,北京:北京大学出版社,2008年,第1版。

162.〔美〕道格拉斯·凯尔纳、斯蒂文·贝斯特:《后现代理论——批判性的质疑》,张志斌译,北京:中央编译出版社,2004年,第1版。

163.〔美〕大卫·格里芬编:《后现代精神》,马季方译,北京:中央编译出版社,2004年,第1版。

164.〔美〕曼弗雷德·S.弗林斯:《舍勒的心灵》,张志平、张任之译,上海:上海三联书店,2006年,第1版。

165.〔美〕诺曼·N.霍兰德:《后现代精神分析》,潘国庆译,上海:上海文艺出版社,1995年,第1版。

166.〔美〕理查德·罗蒂:《哲学和自然之镜》,李幼蒸译,北京:商务印书馆,2003年,第1版。

167.〔美〕杜威:《经验与自然》,傅统先译,南京:江苏教育出版社,2005年,第1版。

168.〔美〕大卫·格里芬编:《后现代科学》,马季方译,北京:中央编译出版社,2004年,第1版。

169.〔美〕欧文·埃德曼:《艺术与人》,任和译,北京:工人出版社,1988年,第1版。

170.〔美〕大卫·库尔珀:《纯粹现代性批判——黑格尔、海德格尔及其以后》,臧佩洪译,北京:商务印书馆,2004年,第1版。

171.〔美〕罗伯特·皮平:《作为哲学问题的现代主义》,阎嘉译,北京:商务印书馆,2007

年,第1版。

172.〔美〕米勒德·J.艾利克森:《后现代主义的承诺与危险》,叶丽贤、苏欲晓译,北京:北京大学出版社,2006年,第1版。

173.〔美〕劳伦斯·E.卡洪:《现代性的困境——哲学、文化和反文化》,王志宏译,北京:商务印书馆,2008年,第1版。

174.〔美〕马歇尔·伯曼:《一切坚固的东西都烟消云散了——现代性体验》,徐大建、张辑译,北京:商务印书馆,2003年,第1版。

175.〔美〕罗洛·梅:《人的自我寻求》,郭本禹、方红译,北京:中国人民大学出版社,2008年,第1版。

176.〔美〕约瑟夫·纳托利:《后现代性导论》,潘非、耿红、聂昌宁译,南京:江苏人民出版社,2004年,第1版。

177.〔美〕斯蒂芬·贝斯特、道格拉斯·科尔纳:《后现代转向》,陈刚等译,南京:南京大学出版社,2002年,第1版。

178.〔美〕马尔库塞:《现代文明与人的困境——马尔库塞文集》,李小兵等译,上海:上海三联书店,1989年,第1版。

179.〔美〕凯利:《卢梭的榜样人生——作为政治哲学的〈忏悔录〉》,黄群等译,北京:华夏出版社,2009年,第1版。

180.〔美〕爱默生:《自然沉思录》,博凡译,天津:天津人民出版社,2009年,第1版。

181.〔英〕佩里·安德森:《后现代性的起源》,紫辰、合章译,北京:中国社会科学出版社,2008年,第1版。

182.〔英〕罗宾·乔治·柯林伍德:《艺术哲学新论》,卢晓华译,北京:工人出版社,1988年,第1版。

183.〔英〕马丁·约翰逊:《艺术与科学思维》,傅尚逵、刘子文译,北京:工人出版社,1988年,第1版。

184.〔英〕A.N.怀特海:《过程与实在》,周邦宪译,贵阳:贵州人民出版社,2006年,第1版。

185.〔英〕A.N.怀特海:《观念的冒险》,周邦宪译,贵阳:贵州人民出版社,2007年,第1版。

186.〔英〕齐格蒙特·鲍曼:《现代性与矛盾性》,邵迎生译,北京:商务印书馆,2003年,第1版。

187.〔英〕柯林伍德:《自然的观念》,吴国盛译,北京:北京大学出版社,2006年,第1版。

188.〔法〕米歇尔·福柯:《古典时代疯狂史》,林志明译,北京:生活·读书·新知三联书店,2005年,第1版。

189.〔法〕米歇尔·福柯:《癫狂与文明——理性时代的精神病症》,孙淑强、金筑云译,杭州:浙江人民出版社,1991年,第1版。

190.〔法〕米歇尔·福柯:《词与物——人文科学考古学》,莫伟民译,上海:上海三联书店,2001年,第1版。

191.〔法〕吉尔·德勒兹:《德勒兹论福柯》,杨凯麟译,南京:江苏教育出版社,2006年,第1版。

192.〔法〕安托瓦纳·贡巴尼翁:《现代性的五个悖论》,许钧译,北京:商务印书馆,2005

年，第1版。
193.〔法〕德日进：《人的现象》，李弘祺译，北京：新星出版社，2006年，第1版。
194.〔法〕让-弗朗索瓦·利奥塔尔：《后现代状态——关于知识的报告》，车槿山译，北京：生活·读书·新知三联书店，1997年，第1版。
195.〔法〕莫里斯·梅洛-庞蒂：《可见的与不可见的》，罗国祥译，北京：商务印书馆，2008年，第1版。
196.〔俄〕尼古拉·别尔嘉耶夫：《论人的奴役与自由》，张百春译，北京：中国城市出版社，2002年，第1版。
197.〔加〕查尔斯·泰勒：《自我的根源》，韩震等译，南京：译林出版社，2008年，第1版。
198.〔加〕查尔斯·泰勒：《现代性之隐忧》，程炼译，北京：中央编译出版社，2001年，第1版。
199.〔荷〕佛克马、伯顿斯编：《走向后现代主义》，王宁等译，北京：北京大学出版社，1991年，第1版。
200.〔希〕尼萨的格列高利：《论灵魂与复活》，张新樟译，上海：上海人民出版社，2006年，第1版。
201.王治河主编：《后现代主义辞典》，北京：中央编译出版社，2005年，第1版。
202.张世英：《新哲学讲演录》，桂林：广西师范大学出版社，2004年，第1版。
203.蒙培元：《人与自然——中国哲学生态观》，北京：人民出版社，2004年，第1版。
204.刘成纪：《自然美的哲学基础》，武汉：武汉大学出版社，2008年，第1版。
205.彭锋：《回归——当代美学的11个问题》，北京：北京大学出版社，2009年，第1版。
206.彭锋：《完美的自然》，北京：北京大学出版社，2005年，第1版。
207.尚杰：《归隐之路》，南京：江苏人民出版社，2008年，第1版。
208.刘宗坤：《原罪与正义》，上海：华东师范大学出版社，2006年，第1版。
209.谢地坤：《走向精神科学之路——狄尔泰哲学思想研究》，南京：江苏人民出版社，2008年，第1版。

五、文学类

210.〔德〕歌德：《论文学艺术》，范大灿、安书祉、黄燎宇等译，上海：上海人民出版社，2005年，第1版。
211.〔德〕歌德：《浮士德》，〔德〕弗兰兹·斯泰封绘，郭沫若译，长春：吉林人民出版社，2009年，第1版。
212.〔美〕梭罗：《瓦尔登湖》，徐迟译，上海：上海译文出版社，2004年，第1版。
213.〔美〕梭罗：《梭罗日记》，朱子仪译，北京：北京十月文艺出版社，2005年，第1版。
214.〔美〕蕾切尔·卡森：《寂静的春天》，吕瑞兰、李长生译，上海：上海译文出版社，2011年，第1版。
215.〔美〕杰弗里·哈特曼：《荒野中的批评》，张德兴译，天津：天津人民出版社，2008年，第1版。
216.〔美〕卡尔文·斯·霍尔等：《弗洛伊德心理学与西方文学》，包华富、陈昭全、杨莘燊编译，长沙：湖南文艺出版社，1986年，第1版。
217.〔美〕巴恩·斯通：《博尔赫斯八十忆旧》，西川译，北京：作家出版社，2004年，第1版。

218.〔阿根廷〕博尔赫斯:《博尔赫斯全集》,王永年、林之木译,杭州:浙江文艺出版社,1999年,第1版。
219.〔阿根廷〕博尔赫斯:《博尔赫斯口述》,王永年、屠孟超、黄志良译,杭州:浙江文艺出版社,2008年,第1版。
220.〔阿根廷〕博尔赫斯、F.索伦蒂诺:《博尔赫斯七席谈》,林一安译,北京:光明日报出版社,2000年,第1版。
221.〔阿根廷〕博尔赫斯:《博尔赫斯谈话录》,〔美〕伯金编,王永年译,上海:上海译文出版社,2008年,第1版。
222.〔法〕卢梭:《一个孤独的散步者的梦》,李平沤译,北京:商务印书馆,2008年,第1版。
223.〔法〕让-亨利·法布尔:《昆虫记》,刘莹莹、王琪译,南京:译林出版社,2010年,第1版。
224.〔法〕勒内·基拉尔:《双重束缚——文学、摹仿及人类学文集》,刘舒、陈明珠译,北京:华夏出版社,2006年,第1版。
225.〔加〕诺思罗普·弗莱:《批评的解剖》,陈慧、袁宪军、吴伟仁译,天津:百花文艺出版社,2006年,第1版。
226.〔哥伦比亚〕加西亚·马尔克斯:《百年孤独》,范晔译,海口:南海出版公司,2011年,第1版。
227.〔南非〕库切《动物的生命》,朱子仪译,北京:北京十月文艺出版社,2006年,第1版。
228.〔俄〕E.M.梅列金斯基:《英雄史诗的起源》,王亚民、张淑明、刘玉琴译,北京:商务印书馆,2007年,第1版。
229.〔白俄罗斯〕S.A.阿列克谢耶维奇:《锌皮娃娃兵》,高莽译,北京:九州出版社,2014年,第1版。
230.鲁枢元:《文艺心理阐释》,上海:上海文艺出版社,1989年,第1版。
231.鲁枢元:《创作心理研究》,郑州:河南文艺出版社,2015年,第1版。
232.程虹:《寻归荒野》,北京:生活·读书·新知三联书店,2011年,第1版。
233.叶舒宪:《阉割与狂狷》,上海:上海文艺出版社,1999年,第1版。
234.叶舒宪:《探索非理性的世界——原型批评的理论与方法》,成都:四川人民出版社,1988年,第1版。
235.叶舒宪编选:《神话—原型批评》,西安:陕西师范大学出版社,1987年,第1版。
236.王诺:《欧美生态批评——生态学研究概论》,上海:学林出版社,2008年,第1版。
237.王诺:《生态与心态(当代欧美文学研究)》,南京:南京大学出版,2007年,第1版。
238.陈光孚:《魔幻现实主义》,广州:花城出版社,1986年,第1版。
239.程金城:《中国文学原型论》,兰州:甘肃人民美术出版社,2008年,第1版。
240.程金城:《西方原型美学问题研究》,哈尔滨:黑龙江人民出版社,2007年,第1版。
241.程金城主编:《文艺人类学的理论与实践》,北京:民族出版社,2007年,第1版。

六、其他

242.〔美〕R.哈特向:《地理学性质的透视》,黎樵译,北京:商务印书馆,1963年,第1版。
243.〔美〕尼尔·波兹曼:《娱乐至死》,章艳译,桂林:广西师范大学出版社,2004年,第1版。

244.〔美〕梅利沙·斯图尔特:《雷切尔·卡森》,傅霞译,杭州:浙江人民出版社,2007年,第1版。

245.〔美〕斯蒂芬·J.派因:《火之简史》,梅雪芹、牛瑞华等译,北京:生活·读书·新知三联书店,2006年,第1版。

246.〔美〕乔治·赫伯特·米德:《心灵、自我和社会》,霍桂桓译,北京:北京联合出版公司,2014年,第1版。

247.〔英〕保罗·戴维斯:《上帝与新物理学》,徐培译,长沙:湖南科学技术出版社,1995年,第1版。

248.〔瑞士〕雅各布·布克哈特:《历史讲稿》,刘北成、刘研译,北京:生活·读书·新知三联书店,2009年,第1版。

249.〔古希腊〕赫西俄德:《工作与时日》,张竹明、蒋平译,北京:商务印书馆,1991年,第1版。

250.钟肇郑编译:《史怀泽传》,北京:中国社会科学出版社,2004年,第1版。

英文文献

251. Adrian G. Marshall, *The Ecology of Ectoparasitic Insects*, London, Academic Press, 1981

252. Andrew Benjamin(ed.), *The Problems of Modernity*, London, Routledge, 1989

253. Arno F. Wittig, Gary S. Belkin, *Introduction to Psychology*, New York, McGraw-Hill, 1977

254. Arnold Berleant, *The Aesthetics of Environment*, Philadelphia, Temple University Press, 1992

255. Arnold Berleant(ed.), *Environment and the Arts: Perspectives on Environmental Aesthetics*, Burlington, 2002

256. Arnold Berleant, *Living in the landscape: Toward an Aesthetics of Environment*, Lawrence, University Press of Kansas, 1997

257. B. F. Skinner, *Beyond Freedom and Dignity*, New York, Alfred A. Knopf, 1971

258. BlakeBurleson, *Jung in Africa: The historical record*, London, Journal of Analytical Psychology, No. 2, Vol. 53, 2008

259. C. G. Jung, *Four Archetypes*, Ts, R. F. C. Hull, New Jersey, Princeton University Press, 1970

260. C. G. Jung, *Freud and Psychoanalysis*, Ts, R. F. C. Hull, Bollingen, Bollingen foundation, 1961

261. C. G. Jung, *The Archetypes and The Collective Unconscious*, Ts, R. F. C. Hull, Beijing, China Social Sciences Publishing House ChengCheng Books LTD, 1999

262. Charles Darwin, *On Nature Selection*, New York, Penguin Group, 2005

263. David L. Hull, Michael Ruse(eds.), *The Philosophy of Biology*, New York, Cambridge University Press, 2007

264. Edith Kurzweil, *Freudians and Feminists*, Oxford, Westview Press, 1995

265. Frank Cioffi, *Wittgenstein on Freud and Frazer*, London, Cambridge University Press, 1998

266. Gerald L. Schroeder, *God According to God*, New York, HarperOne, 2009

267. Hilary Kornblith, *Inductive Inference and Its Natural Ground: An Essay in Naturalistic Epistemology*, London, MIT Press, 1993

268. Hugh J. Silverman, Donn Welton, *Postmodernism and Continental Philosophy*, New York, State University of New York Press, 1988

269. Jerrold Seigel, *The Idea of The Self*, London, Cambridge University Press, 2005

270. John Lechte, *Fifty Key Contemporary Thinkers-From structuralism to postmodernity*, London, Routledge, 1994

271. Joseph Campbell, *The Portable Jung*, Ts, R. F. C. Hull, New York, The Viking Press, 1971

272. Julia Berryman. Etc., *Psychology And You*, Oxford, BPS Blackwell, 2006

273. Marshall Brown (ed.), *Literary Criticism Volume V Romanticism*, London, Cambridge University Press, 2000

274. Monica R. Gale, *Myth and Poetry in Lucretius*, London, Cambridge University Press, 1994

275. Polly Young-Eisendrath, Terence Dawson (eds.), *The Cambridge Companion to Jung*, New York, Cambridge University Press, 2008

276. Rachel L. Carson, *Silent Spring*, Boston, Houghton Mifflin Company, 2002

277. Rachel L. Carson, *The Edge of The Sea*, Boston, Houghton Mifflin Company, 1955

278. Rachel L. Carson, *The Sea Around Us*, New York, Oxford University Press, 1951

279. Rachel L. Carson, *Under The Sea-Wind*, New York, Oxford University Press, 1941

280. Rebecca K. O'Connor (ed.), *How Should The World Respond to Natural Disasters?* Farmington Hill, Thomson Gale, 2006

281. Sahotra Sarkar, *Biodiversity and Environmental Philosophy*, New York, Cambridge University Press, 2005

282. Steven Connor (ed.), *Postmodernism*, London, Cambridge University Press, 2004

283. Steven F. Walker, *Jung and The Jungians on Myth*, New York, Routledge, 2002

284. Timothy Bewes, *Cynicism and Postmodernity*, London, Verso, 1997

285. William McGuire (ed.), *The Freud/Jung Letters*, Ts, Ralph Manheim, R. F. C. Hull, New York, Penguin Books, 1991

后　记

承蒙诸位良师益友的帮助，本书历经多年终得付梓。感谢我的导师鲁枢元先生在文章写作和成书过程中的指导，感谢苏州大学李勇教授在书稿构架方面的建议，感谢纽约布鲁克林学院张嘉如老师提供的重要资料，感谢浙江大学胡志毅教授在我攻读硕士期间对我的启发，感谢妻子岳芬对书稿的校订。

本书是在本人博士论文的基础上、根据国家社科基金外审专家意见修改而成。在内容结构、语言逻辑以及参考资料等方面都进行了大幅度修订和增删。由于当时写作思想并不成熟、相关资料亦未能穷尽，虽尽力补救，仍有很多不尽如人意之处，请同行专家学者批评指正。

此外，还须做两点说明：

第一，严格来说，荣格的生态思想同当代意义上的生态观念是有区别的，如果从后者的角度来看，荣格的生态观并非现代意义上的生态观。但是，荣格的思想对当代生态批评体系的构建具有重要意义，且荣格理论精深博大，仍有进一步研究的空间。

第二，本书并未涉及荣格对宗教等问题的探索，如他对东方宗教的阐述等，其原因并非荣格的宗教心理研究同生态思想无关，而是由于此类问题非常复杂，限于篇幅，本书无法涵盖。

2016 年 6 月